中等职业学校示范校建设成果教材

# 电子产品生产工艺与管理

王一萍　主　编

曾海军　田晔非　吴　静　副主编

陈　勇　主　审

U0252888

机械工业出版社

本教材以项目为导向，以任务为驱动，以"必需"和"够用"为尺度，将理论与实训合二为一，更加侧重技能的培养。教材共分为 5 个项目，20 个任务。在任务标题前有"＊"的表示选修内容。内容包括：常用电子元器件的识别与选用、简单电路板的焊接、简单电子产品的安装与调试、整机的装配与调试、电子产品生产管理。

本教材适用于职业院校电子类专业相关课程的教学，也可作为相关企业岗位工人的培训用书。

## 图书在版编目（CIP）数据

电子产品生产工艺与管理/王一萍主编. —北京：机械工业出版社，2014.7（2019.4 重印）
中等职业学校示范校建设成果教材
ISBN 978 - 7 - 111 - 46687 - 1

Ⅰ.①电… Ⅱ.①王… Ⅲ.①电子产品 - 生产工艺 - 中等专业学校 - 教材②电子产品 - 生产管理 - 中等专业学校 - 教材 Ⅳ.①TN05

中国版本图书馆 CIP 数据核字（2014）第 096582 号

机械工业出版社（北京市百万庄大街 22 号 邮政编码 100037）
策划编辑：高 倩 责任编辑：范政文 王 琪
版式设计：霍永明 责任校对：张 薇
封面设计：马精明 责任印制：邰 敏
北京圣夫亚美印刷有限公司印刷
2019 年 4 月第 1 版第 3 次印刷
184mm×260mm ·9 印张·207 千字
标准书号：ISBN 978 - 7 - 111 - 46687 - 1
定价：27.00 元

# 前　言

为了适应社会经济和科学技术的发展，更好地满足职业教育教学改革的需要，经过广泛调研，我们组织编写了这本教材。本教材在编写过程中，注重组织教学内容，增强认知结构和能力结构的有机结合，强调培养对象对职业岗位的适应程度。

本教材基于培养学生的实践能力，以"必需"和"够用"为尺度。在内容的选取方面，将理论与实训合二为一，更加侧重技能的培养。在编写中增加了一些实用性较强、与生产实践相近的实例，力求通俗易懂，以适应中等职业院校学生的学习需求。

本教材采用理实一体、任务驱动的模式编写，通过项目和任务的实施过程培养学生分析问题、解决问题的能力和团队协作精神，围绕项目和任务将各个知识点渗透于教学中，增强了课程内容与职业岗位能力要求的相关性。

本教材在任务选取上力求突出重点、难点，增加可操作性和趣味性；精心选择简单易懂的载体降低教学难度；以电子产品生产过程的典型工作任务为教学主线，通过设计不同的项目知识点和技能训练，以提高学生的能力水平。项目是按照知识点与技能要求循序渐进编排的，学生通过接触这些项目可以实现零距离上岗，真正体现了职业教育"工学结合"的特色。

本教材的参考学时为 136 学时，各项目的参考学时参见下表。

| 项目 | 内容 | 学时分配 |
|---|---|---|
| 项目一 | 常用电子元器件的识别与选用 | 24 |
| 项目二 | 简单电路板的焊接工艺 | 24 |
| 项目三 | 简单电子产品的安装与调试 | 40 |
| 项目四 | 整机的装配与调试 | 32 |
| 项目五 | 电子产品生产管理 | 16 |
| 总计 | | 136 |

本书由重庆市工业学校王一萍主编，重庆海尔集团曾海军和重庆市工业学校田晔非、吴静任副主编。参加本书编写工作的还有重庆市工业学校黎红、周业忠、郑开明、蒋向东。全书由王一萍统稿与定稿，由陈勇主审。

由于编者水平有限，加之时间比较仓促，误漏之处在所难免，请广大读者批评指正，以便今后加以改进。

编　者

# 目　　录

# 项目一　常用电子元器件的识别与选用

电子元器件是构成电子产品的基础，任何一台电子产品都是由具有一定功能的电路、部件，按照一定工艺结构组成。

电子产品的性能及质量的优劣，不仅取决于电路原理设计、结构设计、工艺设计的水平，还取决于能否正确、合理地选用电子元器件及各种原材料。

电子电路中常用的电子元器件包括：电阻器、电容器、电感器、二极管、晶体管、晶闸管、轻触开关、液晶显示模块、蜂鸣器、传感器、芯片、继电器、变压器、熔丝、光耦合器、滤波器、接插件、电机、天线等。

## 任务一　电阻器的识别与选用

### 任务目标

**知识目标**

学会电阻器标称阻值的识读方法和检测方法。

**技能目标**

能熟练识读电阻器的阻值和允许偏差，能熟练使用万用表测试电阻。

**情感目标**

具备通过听课、查阅资料、上网搜索、观察及其他渠道收集电子产品生产工艺的有关信息及其他相关信息的能力。

### 任务描述

电阻器件，在电路中常用于控制电流、电压，是电路连接中最广泛的元件。本任务主要在识别电阻器、电位器的基础上进一步掌握对它们检测方法。

### 任务实施

**1. 电阻器的识别与测量**

对规定的 15 个不同阻值的电阻器进行识别、读数和测量。按要求把识别和测量的结果记录在表 1-1-1 中。

表 1-1-1　电阻器的识别与测量结果

| 序号 | 色环颜色 | 阻值 | 允许偏差 | 数字式万用表测电阻 | | | 指针式万用表测电阻 | | |
|---|---|---|---|---|---|---|---|---|---|
| | | | | 挡位 | 测得值 | 误差 | 挡位 | 测得值 | 误差 |
| | | | | | | | | | |
| | | | | | | | | | |

（续）

| 序号 | 色环颜色 | 阻值 | 允许偏差 | 数字式万用表测电阻 | | | 指针式万用表测电阻 | | |
|---|---|---|---|---|---|---|---|---|---|
| | | | | 挡位 | 测得值 | 误差 | 挡位 | 测得值 | 误差 |
| | | | | | | | | | |
| | | | | | | | | | |
| | | | | | | | | | |
| | | | | | | | | | |
| | | | | | | | | | |
| | | | | | | | | | |
| | | | | | | | | | |
| | | | | | | | | | |
| | | | | | | | | | |
| | | | | | | | | | |
| | | | | | | | | | |

*2. 电位器的识别与测量

对规定的 3 个不同阻值的电位器进行识别、读数和测量。按要求把识别和测量的结果记录在下面表 1-1-2 中。

表 1-1-2

| | 固定端 1、3 之间的电阻 | 固定端 1 或 3 与滑动片 2 的变化情况 | | |
|---|---|---|---|---|
| | | 阻值平稳变动 | 阻值突变 | 万用表指针跳动 |
| 1 | | | | |
| 2 | | | | |
| 3 | | | | |

### 知识链接

**1. 概念**

电阻器是电路中最常用的元件，其作用主要是阻碍电流流过，应用于限流、分流、降压、分压、负载，以及与电容器配合作滤波器及阻抗匹配等。

**2. 电阻器的分类**

1）按阻值特性：固定电阻器、可调电阻器、特种电阻器（敏感电阻器）；

阻值不能调节的电阻器称为固定电阻器，而阻值可以调节称为可调电阻。常见的可调电阻器用途有用于收音机音量调节等。主要应用于电压分配的可调电阻器，

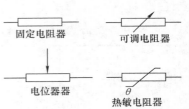

图 1-1-1 电阻器的电气图形符号

又称为电位器。

2）按制造材料：碳膜电阻器、金属膜电阻器、线绕电阻器等。

3）按安装方式：插件电阻器、贴片电阻器。

**3. 电阻器的符号**

电阻器的符号如图 1-1-1 所示。

**4. 常见的电阻器**

常见的电阻器外形如图 1-1-2 所示。

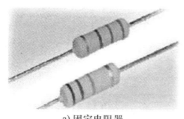

a）固定电阻器　　　　　　　　　　　　　b）电位器

图 1-1-2　常见的电阻器外形

**5. 电阻器的主要参数**

1）标称阻值：标称在电阻器上的电阻值称为标称阻值（简称标称值）。单位为 $\Omega$、$k\Omega$、$M\Omega$。标称值是根据国家制定的标准系列标注的，不是生产者任意标定的。

2）允许偏差：电阻器的实际阻值对于标称值的最大允许偏差范围称为允许偏差。偏差代码为 F、G、J、K 等。

3）额定功率：指在规定的环境温度下，假设周围空气不流通，在长期连续工作而不损坏或基本不改变电阻器性能的情况下，电阻器上允许的消耗功率。常见的有 1/16W、1/8W、1/4W、1/2W、1W、2W、5W、10W。

4）阻值的换算：$1M\Omega = 10^3 k\Omega = 10^6 \Omega$。

**6. 阻值和允许偏差的标注方法**

1）直标法：将电阻器的主要参数和技术性能用数字或字母直接标注在电阻体上。例如：$5.1k\Omega 5\%$、$5.1k\Omega J$。

2）文字符号法：将文字、数字两者有规律组合起来表示电阻器的主要参数。例如：$0.1\Omega = \Omega1 = 0R1$；$3.3\Omega = 3\Omega3 = 3R3$；$3k3 = 3.3k\Omega$

3）色标法：用不同颜色的色环来表示电阻器的阻值及允许偏差等级。普通电阻器一般用四环表示，精密电阻器用五环表示。五环颜色所表示的数值和允许偏差见表 1-1-3。

4）贴片电阻器标注方法：前两位表示有效数，第三位表示有效值后加零的个数。0 ~ 10Ω 带小数点电阻值表示为 XRX、RXX（X 表示数字）。例如：$471 = 470\Omega$、$105 = 1M\Omega$、$2R2 = 2.2\Omega$。

**7. 色环电阻器的识别方法**

色环电阻器上不同颜色所表示的数值和允许偏差见表 1-1-3。

表 1-1-3　色环电阻器不同颜色所表示的数值和允许偏差

| 颜色 | 有效数字 | 倍乘数 | 允许偏差（%） |
|---|---|---|---|
| 银色 | | $10^{-2}$ | ±10 |
| 金色 | | $10^{-1}$ | ±5 |
| 黑色 | 0 | $10^{0}$ | |
| 棕色 | 1 | $10^{1}$ | ±1 |
| 红色 | 2 | $10^{2}$ | ±2 |
| 橙色 | 3 | $10^{3}$ | |
| 黄色 | 4 | $10^{4}$ | |
| 绿色 | 5 | $10^{5}$ | ±0.5 |
| 蓝色 | 6 | $10^{6}$ | ±0.25 |
| 紫色 | 7 | $10^{7}$ | ±0.1 |
| 灰色 | 8 | $10^{8}$ | |
| 白色 | 9 | $10^{9}$ | |
| 无色 | | | ±20 |

常见的色环有四环和五环表示法（见图 1-1-3），色环靠电阻哪一端近，就由哪一端开始数环。

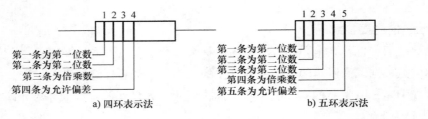

a) 四环表示法　　　　　　b) 五环表示法

图 1-1-3　电阻器的色标法

1）普通电阻器通常为四条色环，其中第一、二条色环表示的数即为两位有效数，第三条色环为倍乘数（即×$10^x$），而此色环表示的数是以 10 为底的指数，第四条色环则表示的是电阻值的允许偏差，如图 1-1-3 所示。

例如：某四环电阻器的色环标志为红色、紫色、橙色、金色，色环含义如图 1-1-4 所示。即标称阻值为 $27 \times 10^3 \Omega = 27000\Omega = 27k\Omega$，允许偏差为 ±5%。

2）精密电阻器通常为五条色环，其中第一、二、三条色环表示的数即为三位有效数，第四条色环为倍乘数，而此色环表示的数是以 10 为底的指数，第五条色环则表示的是电阻值的允许偏差。

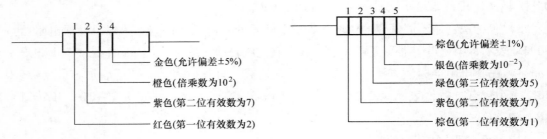

图 1-1-4　某四环电阻器的色环含义　　　　图 1-1-5　某五环电阻器的色环含义

例如：色环电阻的色环标志为棕色、紫色、绿色、银色、棕色，如图 1-1-5 所示，即标称阻值为 $175 \times 10^{-2}\Omega = 1.75\Omega$，允许偏差为 $\pm 1\%$。

色环电阻器是应用于各种电子设备中最多的电阻器类型，无论怎样安装，都应使维修者能方便地读出阻值，便于检测和更换。但在实践中发现，有些色环电阻器的排列顺序不甚分明，往往容易读错，在识别时，可运用如下技巧加以判断：

（1）技巧 1　先找标志允许偏差的色环，从而排定色环的顺序。最常用的表示电阻允许偏差的颜色是金、银、棕，尤其是金、银色环。一般不会用作色环电阻器的第一环，所以在电阻器上只要有金和银色环，就可以基本认定这是色环电阻器的最末一环。

（2）技巧 2　判别棕色环是否是允许偏差标志。棕色环既常用作允许偏差环，又常用作有效数字环，且常在第一环和最末一环同时出现，使人很难识别哪一环是始末。在实践中，可以按照色环之间的间隔加以判别：例如对于一个五环电阻器而言，第五环和第四环之间的间隔比第一环和第二环之间的间隔要宽一些，据此可判定色环的排列顺序。

（3）技巧 3　在仅靠色环间距还无法判定色环顺序的情况下，还可以利用电阻的生产序列值来加以判别。例如有一个电阻的色环顺序是：棕、黑、黑、黄、棕，其值为 $100 \times 10^{4}\Omega = 1M\Omega$，允许偏差为 $\pm 1\%$，属于正常的电阻序列，若是反顺序读：棕、黄、黑、黑、棕，其值为 $140 \times 10^{0}\Omega = 140\Omega$，允许偏差为 $\pm 1\%$。显然按照最后一种排序所读出的电阻值，在电阻器生产序列中是没有的，故后一种色环顺序是不对的。又例如一个电阻器的色环顺序是棕、灰、黑、黑、棕，其值为 $180 \times 10^{0}\Omega = 180\Omega$，允许偏差为 $\pm 1\%$，属于正常的电阻值；若是反顺序读，即棕、黑、黑、灰、棕，其值为 $100 \times 10^{8}\Omega = 10000M\Omega$，允许偏差为 $\pm 1\%$。电阻器中没有这么大的电阻值，说明色环排序是不对的。若以上几种方法还是无法确定阻值，那只好配合万用表测量来确定。

**8. 普通电阻器的选用常识**

（1）正确选用电阻器的阻值和允许偏差

1）阻值选用：原则是所用电阻器的标称阻值与所需电阻器阻值的差值越小越好。

2）允许偏差选用：时间常数 $RC$ 电路需要电阻器的允许偏差尽量小，一般可选 5% 以内；退耦电路、反馈电路、滤波电路、负载电路对允许偏差要求不太高，可选允许偏差为 10%～20% 的电阻器。

（2）注意电阻器的极限参数

1）额定电压：当实际电压超过额定电压时，即便满足功率要求，电阻器也会被击穿损坏。

2）额定功率：所选电阻器的额定功率应大于实际承受功率的两倍以上才能保证电阻器在电路中长期工作的可靠性。

（3）要首选通用型电阻器　通用型电阻器种类较多、规格齐全、生产批量大，且阻值范围、外观形状、体积大小都有挑选的余地，便于采购和替换。

（4）根据电路特点选用

1）高频电路：分布参数越小越好，应选用金属膜电阻器、金属氧化膜电阻器等高频电阻器。

2）低频电路：绕线电阻器、碳膜电阻器都适用。

3）功率放大电路、偏置电路、取样电路：这些电路对稳定性要求比较高，应选温度系数小的电阻器。

4）退耦电路、滤波电路：对阻值变化没有严格要求，任何类电阻器都适用。

（5）根据电路板大小选用电阻　选用电阻器时还应根据装配的电路板规格、大小进行。

**9. 用万用表电阻挡测电阻值**

（1）电阻挡的使用

1）正确接好万用表的表笔。

2）将挡位换到电阻挡。

3）将红、黑表笔短接，若指针向右偏，调整零欧姆调整旋钮，直到指针指准欧姆标度尺的零位（称为调零）。若改换量程，每换一次量程需重新调零一次。

（2）量程的选择　由于电阻挡刻度不均匀，为提高测量精度，选择量程时应使指针指示值尽可能指示在刻度中间位置，即全刻度起始的 20% ~80% 弧度范围内，如图 1-1-6 所示。

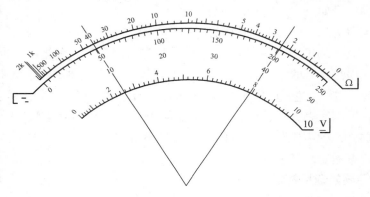

图 1-1-6　电阻挡指针读数范围

（3）测量电阻值时接入的正确方式　电阻值的测试方法如图 1-1-7 所示。

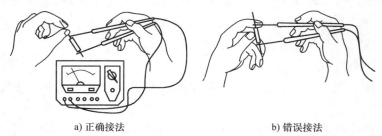

a) 正确接法　　　　　　　　　　　　　　b) 错误接法

图 1-1-7　电阻值的测试方法

图 1-1-7b 为错误接法，因其将人体电阻也一同并入，会导致误差。

（4）读数　指针落在如图 1-1-8 所示的位置时，若挡位选在 $R \times 1$ 挡，其读数应为 $20 \times 1\Omega = 20\Omega$；若挡位选在 $R \times 10$ 挡，其读数应为 $20 \times 10\Omega = 200\Omega$；同理，若挡位分别选在 $R \times 100$、$R \times 1k \setminus R \times 10k$，其指示读数仍为 20，但倍率数分别为 100、1000、10000，最终读数分别为 $2k\Omega$、$20k\Omega$ 和 $200k\Omega$。

综上所述，电阻挡的读数由下面公式决定：

$$读数 = 指示数 \times 倍率数$$

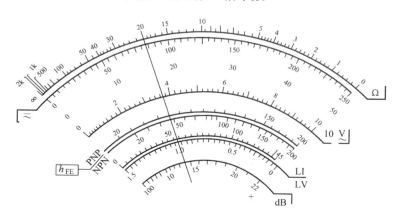

图 1-1-8　电阻挡读数示例

**10. 一般电阻器的质量判别**

电阻器阻值变化或内部损坏的情况，可用万用表电阻挡测量来核对。但要注意两点：

1）测量时用表笔拨动电阻器引脚，若指针摆动范围很大，说明此电阻器内部有接触不良现象或引脚松动。

2）常温下热敏电阻器的阻值应接近其标称值，然后用热的电烙铁靠近它，观察其值有无变化。若有，说明该电阻器基本正常；否则，该电阻器性能不好。

**11. 电位器的简单挑选**

电位器的种类很多，常见的是碳膜电位器，其结构简单、阻值范围大，有带开关和不带开关之分，广泛地用在收音机、电视机、扩音机等电路中。电位器根据其阻值的变化可分为3种类型：

1）直线式，即 X 型，其阻值按旋转角度均匀变化。

2）指数式，即 Z 型，其阻值按旋转角度依指数规律变化。此类电位器多用在音量调节电路，因人耳对声音响度的反应接近指数关系。

3）对数式，即 D 型，其阻值按旋转角度依对数关系变化。

下面以带开关电位器为例介绍电位器的简单挑选。

1）首先利用万用表 $R \times 1$ 挡测量电位器开关，看开关是否正常，如图 1-1-9 所示。

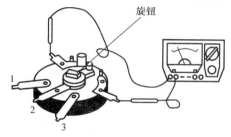

图 1-1-9　用万用表测电位器开关

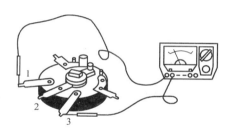

图 1-1-10　测量电位器的标称阻值

将图中旋钮拨到"开"时，万用表指针偏转，即"通"；将图中开关拨到"关"时，如万用表指针不动，即"断"，则说明此开关正常。

2）再用万用表电阻挡测量电位器两端焊片（图1-1-10中1、3端），其阻值应与标称值相同。

3）最后将表笔接中心抽头（图1-1-11中2端）及电位器任一端（图1-1-11中1或3端），缓缓旋动电位器轴柄。如指针徐徐变动而无跌落现象，则说明此电位器正常。

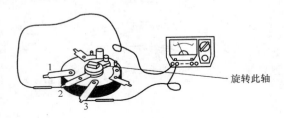

图1-1-11  测量电位器内部质量

### 12. 电阻的使用常识

1）用万用表测量在电路中的电阻时，首先应把电路中的电源切断，然后将电阻的一端与电路断开，以免电路元器件的并联影响测量的准确性。

2）使用电阻器前，最好用万用表测量一下阻值，检查无误后，方可使用。

## 任务评价

表1-1-4  电阻器的识别与选用任务评价表

| 序号 | 项目 | 配分 | 评价要点 | 自评 | 互评 | 教师评价 |
|---|---|---|---|---|---|---|
| 1 | 电阻器阻值和允许偏差 | 30 | 每只电阻判别正确得2分，总分30分 | | | |
| 2 | 数字式万用表挡位选择 | 15 | 挡位选择正确得1分，总分15分 | | | |
| 3 | 数字式万用表测试阻值读数 | 15 | 每只电阻器测试正确得1分，总分15分 | | | |
| 4 | 允许偏差的计算 | 10 | 允许偏差计算正确得1分，总分10分 | | | |
| 5 | 指针式万用表挡位选择 | 15 | 挡位选择正确得1分，总分15分 | | | |
| 6 | 指针式万用表测试阻值读数 | 15 | 每只电阻器测试正确得1分，总分15分 | | | |
| | 材料、工具、仪表 | | 1. 每损坏或者丢失一样扣10分<br>2. 材料、工具、仪表没有放整齐扣10分 | | | |
| | 环境保护意识 | | 每乱丢一项废品扣10分 | | | |
| | 节能意识 | | 用完万用表后挡位放置不当扣10分 | | | |
| | 安全文明操作 | | 违反安全文明操作（视情况进行扣分） | | | |
| | 额定时间 | | 每超过5min扣5分 | | | |

（续）

| 序号 | 项目 | 配分 | 评价要点 | | 自评 | 互评 | 教师评价 |
|------|------|------|----------|--|------|------|----------|
| 开始时间 | | 结束时间 | | 实际时间 | | | 成绩 |
| 综合评议<br>意见（教师） | | | | | | | |
| 评议教师 | | | 日期 | | | | |
| 自评学生 | | | 互评学生 | | | | |

# 任务二　电容器的识别与选用

 **任务目标**

**知识目标**

正确识读电容器的标称电容量及耐压值。

**技能目标**

学会固定电容器的漏电判别。

**情感目标**

培养主动学习的能力、积极思考的能力。

**任务描述**

电容器是电路中最常见的电路元件之一，在电路中常用于控制电流、电压，是电路连接中最广泛的元件。本任务主要在识别电容器的基础上进一步掌握检测它们的方法。

**任务实施**

对规定的 10 个不同类型的电容器进行识别、读数和测量。按要求把识别和测量的结果记录在表 1-2-1 中。

表 1-2-1　电容器的识别和测量结果

| 序号 | 介质 | 电容量 | 耐压值 | 漏电电阻 | 性能好坏 |
|------|------|--------|--------|----------|----------|
| | | | | | |
| | | | | | |
| | | | | | |
| | | | | | |
| | | | | | |
| | | | | | |
| | | | | | |
| | | | | | |
| | | | | | |

知识链接

### 1. 概念

电容器由两个金属电极中间夹一层绝缘介质构成。当在两极间加上电压时，电极上就储存电荷。电容器是一种储能元件，电容量是电容器储存电荷多少的一个量值。电容器的作用主要有调谐、滤波、耦合、隔直、交流旁路和能量转换。

### 2. 电容器的分类

1）按介质不同分：空气介质电容器、纸质电容器、有机薄膜电容器、瓷介质电容器、云母电容器、电解电容器等。

2）按结构：固定电容器、半可变电容器、可变电容器。

3）按安装方式：插装电容器、贴片电容器。

### 3. 常见电容器

常见电容器外形如图 1-2-1 所示。

a) 金属膜电容器

b) 瓷片电容器

c) 涤纶电容器

d) 安规电容器

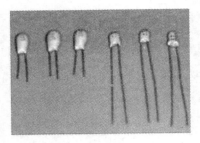

e) 钽电容器

f) 电解电容器

图 1-2-1　常见的电容器

**4. 电容器的符号**

电容器的符号如图 1-2-2 所示。

**5. 电容器的主要参数**

（1）标称电容量　标称在电容器上的电容量称为标称电容量，单位为法拉（F）。常用单位：微法（μF）、纳法（nF）皮法（pF）。

a) 一般电容器符号(国标)　　b) 极性电容器符号(国标)

图 1-2-2　电容器的符号

$$1F = 10^3 mF = 10^6 \mu F$$
$$1\mu F = 10^3 nF = 10^6 pF$$

（2）额定电压　额定电压指电容器在规定的工作温度范围内，长期可靠工作所能承受的最高电压。

（3）绝缘电阻　绝缘电阻指电容器两极之间的电阻，又称为漏电电阻。理想电容器的绝缘电阻为无穷大，但实际无法实现无穷大。绝缘电阻越大，表明电容器质量越好。

**6. 电容量的标注方法**

（1）直标法　在电容器的表面直接用数字或字母标注出标称电容量、额定电压等参数。

（2）数字和文字标注　用 2~4 位数字和一个字母混合后表示电容器的电容量大小。数字表示有效数值，字母表示数量级。常用字母有 m、μ、n、p 等。

（3）三位数字表示法　前两位为有效数字，第三位表示有效数字后面加零的个数，但如第三位数字为 9，则 9 表示乘 0.1。三位数字表示法的默认单位为 pF。

（4）四位数字表示法　用 1~4 位数字表示电容器的电容量，默认单位为 pF。如用小数表示电容量时，单位为 μF。例如：3300 表示 3300pF，0.056 表示 0.056μF。

（5）色标法　同电阻值标注方。

**7. 电容器的选用**

电容器的选用应考虑使用频率、耐压值。电解电容器还应注意极性，使正极接到直流电的高电位。

**8. 固定电容器漏电的判别**

用万用表电阻挡 $R \times 1k$ 量程，将表笔与电容器两极并接，如图 1-2-3 所示。

指针应先向顺时针方向跳动一下，然后逐步按逆时针复原，即返回至 $R = \infty$ 处。若指针不能退回到 $R = \infty$ 处，则所指示的值就为电容器漏电的电阻值。

电容器漏电电阻数据的测量，如图 1-2-4 所示。此值越大，说明电容器绝缘性能越好，一般应为几百到几千兆欧。图 1-2-4 中被测电容器的漏电电阻值偏小，只有 $1M\Omega$，说明此电容器性能不佳。

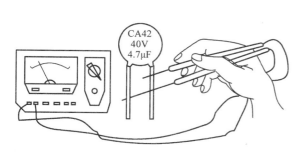

图 1-2-3　电容器漏电的判别

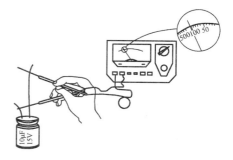

图 1-2-4　电容器漏电电阻的测量

电容量小于 5000pF 以下的小电容器一般在万用表上，几乎观察不到指针的变化，应采用专门的测量仪判别。

若万用表置于 $R \times 1k$ 挡时指针始终不动，说明电容器内部已经开路。

## 任务评价

**表 1-2-2　电容器的识别与选用任务评价表**

| 序号 | 项目 | 配分 | 评价要点 | 自评 | 互评 | 教师评价 |
|---|---|---|---|---|---|---|
| 1 | 电容器的电容量和耐压值 | 20 | 每只电容器判别正确得 2 分，总分 20 分 | | | |
| 2 | 电容器的介质 | 10 | 每只电容器判别正确得 1 分，总分 10 分 | | | |
| 3 | 漏电电阻的测量 | 20 | 每只电容器测量正确得 2 分，总分 20 分 | | | |
| 4 | 性能判别 | 10 | 性能判别正确得 1 分，总分 10 分 | | | |
| 材料、工具、仪表 | | | 1. 每损坏或者丢失一样扣 10 分　2. 材料、工具、仪表没有放整齐扣 10 分 | | | |
| 环境保护意识 | | | 每乱丢一项废品扣 10 分 | | | |
| 节能意识 | | | 用完万用表后挡位放置不当扣 10 分 | | | |
| 安全文明操作 | | | 违反安全文明操作（视其情况进行扣分） | | | |
| 额定时间 | | | 每超过 5min 扣 5 分 | | | |
| 开始时间 | | 结束时间 | | 实际时间 | | 成绩 |
| 综合评议意见（教师） | | | | | | |
| 评议教师 | | 日期 | | | | |
| 自评学生 | | 互评学生 | | | | |

# 任务三　电感器和变压器的识别与选用

##  任务目标

**知识目标**

掌握电感和变压器的结构组成和性能。

**技能目标**

学会用万用表电阻挡对线圈、变压器的好坏进行判别。

**情感目标**

培养与同学、老师的沟通方法的能力。

## 任务描述

电感器是电路中最常见的电路元件之一，在电路中常用于控制电流、电压，是电路连接中最广泛的元件。本任务主要是在识别电感器的基础上进一步掌握对它们检测方法。

### 任务实施

对规定的各种类型电感器、变压器，完成以下各项内容：

1）电感器的测试。

2）线圈好坏的判别。

3）中频变压器的测试。

4）输入、输出变压器的判别。

5）辨别出实际电子产品电路板上各种类型、规格的电阻器、电容器、电感器。

### 知识链接

**1. 概念**

能产生电感作用的元件统称为电感元件，其作用是阻交流、通直流，阻高频、通低频（滤波）。

**2. 电感的分类**

1）按导磁体性质分类：空心电感、铁氧体电感、铁心电感、铜心电感。

2）按工作性质分类：天线电感、振荡电感、扼流电感、陷波电感、偏转电感。

3）按绕线结构分类：单层电感、多层电感、蜂房式电感。

**3. 电感器的符号**

在电路原理图中，电感器常用符号"*L*"或"*T*"表示，不同类型的电感器在电路原理图中通常采用不同的符号，如图 1-3-1 所示。

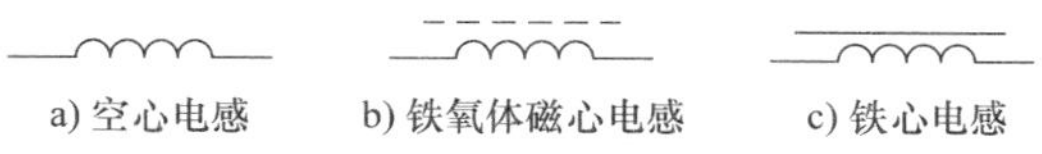

a) 空心电感　　　b) 铁氧体磁心电感　　　c) 铁心电感

图 1-3-1　电感器的符号

**4. 常见电感器**

常见的电感器外形如图 1-3-2 所示。

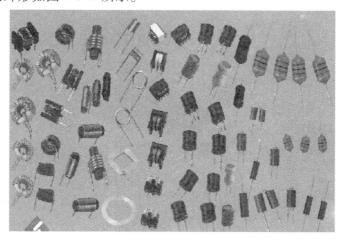

图 1-3-2　常见的电感器

**5. 电感器的主要参数**

（1）标称电感量　电感器上标注的电感量的大小称为标称电感量，表示电感器线圈本身的固有特性，主要取决于线圈的圈数、结构及绕制方法等，与电流大小无关。标称电感量反映电感线圈存储磁场能的能力，也反映电感器通过变化的电流时产生感应电动势的能力，单位为亨（H）。

（2）感抗 $X_L$　电感线圈对交流电流阻碍作用的大小称感抗 $X_L$，单位是 Ω。它与电感量 $L$ 和交流电频率 $f$ 的关系为 $X_L = 2\pi f L$。

（3）额定电流　额定电流是指能保证电路正常工作的工作电流。

**6. 电感量的标注方法**

（1）直标法　在电感线圈的外壳上直接用数字和文字标出电感线圈的电感量、允许偏差及最大工作电流等主要参数。

（2）色标法　同电阻值的标法，单位为 μH。

**7. 电感线圈好坏的判别**

1）先用万用表电阻挡 $R \times 1$ 挡测量线圈的电阻值（见图 1-3-3）

一般电感线圈的电阻值都比较小，与原标定电阻值相比较，如所测电阻值比原标定电阻值增大许多，甚至指针根本不动，可知是线圈断线。相反，若所测电阻值十分小，则是严重短路。但对于线圈局部短路，万用表往往不易判别。

2）对于由多个线圈组成的绕组，除测量其每组线圈的电阻值外，还要用万用表测量线圈之间是否有短路现象。

3）对具有铁心或金属屏蔽罩的线圈，还要测量它的线圈与铁心或金属屏蔽罩间是否短路（见图 1-3-4）。

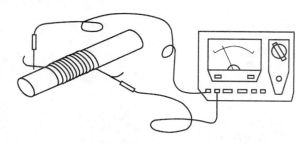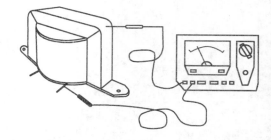

图 1-3-3　测量线圈的电阻值　　　　图 1-3-4　测量线圈与铁心之间是否短路

注意事项：

1）对于有磁心的可调电感线圈，要求磁心的螺纹配合要好，即旋转要轻松。

2）若发现线圈受潮发霉或松动，应首先检查线圈接头的焊接点是否脱焊。

3）不要随意改变线圈形状、大小及线圈间的距离，否则会影响线圈原来的电感量，尤其是对高频线圈应更加注意。

**8. 中频变压器测试**

常见的中频变压器的内部结构如图 1-3-5 所示。

1）用万用表电阻挡 $R \times 1$ 挡分别测量一、二次线圈的电阻值。判断方法与前面线圈的判别方法一致。

2）测量一、二次线圈间是否有短路现象。

3）分别测量一、二次线圈是否与中频变压器外壳（屏蔽罩）间出现短路。

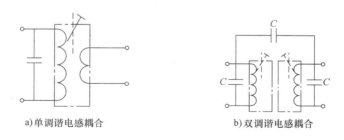

a)单调谐电感耦合                    b)双调谐电感耦合

图 1-3-5  常见的中频变压器的内部结构

注意事项：

1）与中频变压器一次侧（或二次侧）相并联的电容器短路，也会造成一次（或二次）线圈被短接。

2）耦合电容器短路会造成一、二次线圈短接。

3）若磁心松动或破碎，应调换一个好的中频变压器。

**9. 输入、输出变压器的判别**

1）一般情况下，输入变压器与输出变压器不同点在于：输出变压器的二次线圈是两个引出头，导线最粗，电阻值最小。而输入变压器的一次线圈也是两个引出头，但其电阻值最大。据此，可区分输入、输出变压器。

2）判别中心抽头时，先假定一根引脚为中心抽头，测量它与两端接头的电阻值是否平衡。如果平衡，假定成立；如果不平衡，说明这根不是中心抽头，需再换一根引脚来测量。

3）其他参数的测试与中频变压器的测试相同。

⚙ **任务评价**

电感器和变压器的识别与选用任务评价表见表 1-3-1。

表 1-3-1  电感器和变压器的识别与选用任务评价表

| 序号 | 项目 | 配分 | 评价要点 | 自评 | 互评 | 教师评价 |
|---|---|---|---|---|---|---|
| 1 | 电感器的测试 | 10 | 每只电感器判别正确得 2 分，总分 10 分 | | | |
| 2 | 线圈好坏的判别 | 10 | 每个线圈判别正确得 2 分，总分 10 分 | | | |
| 3 | 中频变压器的测试 | 10 | 每个变压器测试正确得 5 分，总分 10 分 | | | |
| 4 | 输入、输出变压器的判别 | 20 | 性能判别正确得 5 分，总分 20 分 | | | |
| | 材料、工具、仪表 | | 1. 每损坏或者丢失一样扣 10 分<br>2. 材料、工具、仪表没有放整齐扣 10 分 | | | |

（续）

| 序号 | 项目 | 配分 | 评价要点 | 自评 | 互评 | 教师评价 |
|---|---|---|---|---|---|---|
| | 环境保护意识 | | 每乱丢一项废品扣10分 | | | |
| | 节能意识 | | 用完万用表后挡位放置不当扣10分 | | | |
| | 安全文明操作 | | 违反安全文明操作（视其情况进行扣分） | | | |
| | 额定时间 | | 每超过5min扣5分 | | | |
| 开始时间 | | | 结束时间 | | 实际时间 | 成绩 |
| 综合评议<br>意见（教师） | | | | | | |
| 评议教师 | | | 日期 | | | |
| 自评学生 | | | 互评学生 | | | |

# 任务四　二极管的识别与选用

## 任务目标

**知识目标**

　　掌握二极管的符号、特性；了解二极管的参数。

**技能目标**

　　能熟练判别二极管的正负极；能熟练判别二极管性能好坏。

**情感目标**

　　培养具备企业需要的基本职业道德和素质——工作细心、规范操作。

## 任务描述

　　二极管的主要特性是单向导电性，也就是在正向电压的作用下，导通电阻很小；而在反向电压作用下导通电阻极大或无穷大。正因为二极管具有上述特性，因此常把它用在整流、隔离、稳压、极性保护、编码控制、调频调制和静噪等电路中。本任务主要在识别二极管的基础上进一步掌握对它们检测方法。

## 任务实施

　　对规定的二极管，完成以下各项内容：

　　1）用万用表 $R \times 1k$ 挡，测试二极管的正向电阻，记录在表1-4-1中。

　　2）用万用表 $R \times 1k$ 挡，测试二极管的反向电阻，记录在表1-4-1中。

　　3）判别二极管性能好坏。

　　4）用万用表 $R \times 100$ 挡，测试二极管的正向电阻，记录在表1-4-2中。

　　5）用万用表 $R \times 100$ 挡，测试二极管的反向电阻，记录在表1-4-2中。

　　以上内容以2人为一组，分别将测试的数据填入相应的表中，然后分析数据。

表 1-4-1　二极管的测试（$R \times 1k$ 挡）

| 序号 | 正向电阻/kΩ | 反向电阻/kΩ | 性能 |
|---|---|---|---|
|  |  |  |  |
|  |  |  |  |
|  |  |  |  |
|  |  |  |  |

表 1-4-2　二极管的测试（$R \times 100$ 挡）

| 序号 | 正向电阻/Ω | 反向电阻/kΩ | 性能 |
|---|---|---|---|
|  |  |  |  |
|  |  |  |  |
|  |  |  |  |
|  |  |  |  |
|  |  |  |  |

**知识链接**

**1. 概念**

半导体二极管又称晶体二极管，简称二极管，由一个 PN 结加上引线及管壳构成。二极管具有单向导电性，为非线性器件，其作用有检波、整流、开关、稳压等。

**2. 二极管的分类**

（1）**按材料分**　可分为锗二极管、硅二极管。锗二极管的导通电压为 0.2 ~ 0.3V，硅二极管的导通电压为 0.6 ~ 0.8V。

导通电压：当正向电压超过某一数值后，二极管导通，正向电流随外加电压增加迅速增大，该电压称为导通电压。

（2）**按作用分**　可分为整流二极管、稳压二极管、开关二极管、发光二极管、光敏二极管等。

**3. 二极管的符号**

二极管的图形符号如图 1-4-1 所示。

**4. 常见二极管**

常见的二极管外形如图 1-4-2 所示。

阳极A ○——▷|——○ 阴极K

图 1-4-1　二极管的图形符号

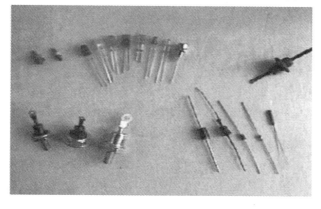

图 1-4-2　常见二极管外形

二极管最明显的特性就是它的单向导电特性，就是说电流只能从一边过去，却不能从另一边过来（从正极流向负极）。用万用表来对常见的 1N4001 型硅整流二极管进行测量，红表笔接二极管的负极，黑表笔接二极管的正极时，指针会动，说明它能够导电；然后将黑表笔接二极管负极，红表笔接二极管正极，这时万用表的指针根本不动或者只偏转一点点，说明导电不良（万用表里面，黑表笔接的是内部电池的正极）。

### 5. 二极管的判别

（1）看外壳上的符号标记　　如图 1-4-3 所示，普通二极管一般为玻璃封装和塑料封装，外壳上均印有型号和标记。标记有箭头、色点、色环三种，箭头所指方向或靠近色环一端为阴极，有色点一端为阳极。

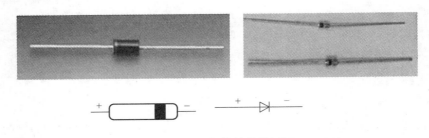

图 1-4-3　二极管的符号标记

一般情况下，二极管有色点的一端为正极，如 2AP1 ～ 2AP7、2AP11 ～ 2AP17 等。如果是透明玻璃壳二极管，可直接看出极性，即内部连接触丝的一头是正极，连接半导体片的一头是负极。塑封二极管有圆环标志的是负极，如 1N4000 系列。

（2）透过玻璃看触针　　对于点接触型玻璃外壳二极管，如果标志已磨掉，则可将外壳上的漆层（黑色或白色）轻轻刮掉一点，透过玻璃看哪头是金属触针，哪头是 N 型锗片，有金属触针的那头就是正极。

（3）万用表测试　　无标志的二极管，则可用万用表电阻挡来判别正、负极，如图 1-4-4 所示。

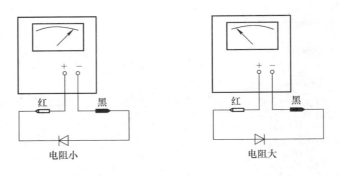

图 1-4-4　二极管极性的判别

用万用表 $R \times 100$ 或 $R \times 1k\Omega$ 挡，任意测量二极管的两根引线，如果量出的电阻只有几百欧至几千欧（正向电阻），则黑表笔（即万用表内电池正极）所接引线为正极，红表笔

（即万用表内电源负极）所接引线为负极。

1）正向特性测试。根据二极管正向电阻小、反向电阻大的特点，将指针式万用表拨到电阻挡（一般用 $R \times 100$ 或 $R \times 1k$ 挡，不要用 $R \times 1$ 或 $R \times 10k$ 挡，因为 $R \times 1$ 挡使用的电流太大，容易烧坏二极管，而 $R \times 10k$ 挡使用的电压太高，可能击穿二极管），用黑表笔（表内正极）接二极管的正极，红表笔（表内负极）接二极管的负极。若指针不指到 0 而在刻度盘中间偏右的位置。这时的阻值就是二极管的正向电阻值。一般正向电阻越小越好。若阻值是 0 说明二极管内部短路损坏；若阻值趋向无穷大，说明二极管内部断路损坏。若发生短路和断路，二极管都不能再使用。

2）反向特性测试。用指针式万用表的红表笔接二极管的正极，黑表笔接二极管的负极，若指针指在无穷大位置或接近无穷大，二极管就是合格的。

**6. 二极管的主要参数**

最大整流电流 $I_F$：指二极管长期运行时，允许通过的最大正向平均电流。

最高反向工作电压 $U_{RM}$：指二极管最大能承受的反向工作电压。

## 任务评价

二极管识别与选用任务评价表见表 1-4-3。

表 1-4-3 二极管识别与选用任务评价表

| 序号 | 项目 | 配分 | 评价要点 | 自评 | 互评 | 教师评价 |
|---|---|---|---|---|---|---|
| 1 | 二极管极性的判别 | 10 | 每只二极管判别正确得 2 分，总分 10 分 | | | |
| 2 | 二极管正向电阻 | 25 | 每只二极管测试正确得 5 分，总分 25 分 | | | |
| 3 | 二极管反向电阻 | 25 | 每只二极管测试正确得 5 分，总分 25 分 | | | |
| 4 | 二极管性能的判别 | 20 | 每只二极管测试正确得 4 分，总分 20 分 | | | |
| 5 | 硅二极管和锗二极管 | 20 | 每只二极管测试正确得 4 分，总分 20 分 | | | |
| 材料、工具、仪表 | | 1. 每损坏或者丢失一样扣 10 分 2. 材料、工具、仪表没有放整齐扣 10 分 | | | | |
| 环境保护意识 | | 每乱丢一项废品扣 10 分 | | | | |
| 节能意识 | | 用完万用表后挡位放置不当扣 10 分 | | | | |
| 安全文明操作 | | 违反安全文明操作（视其情况进行扣分） | | | | |
| 额定时间 | | 每超过 5min 扣 5 分 | | | | |
| 开始时间 | | 结束时间 | | 实际时间 | | 成绩 |
| 综合评议意见（教师） | | | | | | |
| 评议教师 | | | 日期 | | | |

# 任务五　晶体管的识别与选用

 任务目标

**知识目标**

掌握晶体管的符号、类型、特性；了解晶体管的参数。

**技能目标**

能熟练判别晶体管的类型及管脚；能熟练判别晶体管性能的优势。

**情感目标**

培养学生相互学习的精神。

**任务描述**

晶体管是一种控制器件，在电子电路中常用于信号放大、倒相、恒流、稳压、开关（如做成无触点开关）等。本任务主要在识别晶体管的基础上进一步掌握对它们检测方法。

**任务实施**

对规定的晶体管，完成以下各项内容：

1）用万用表判别晶体管的管脚和管型，记录在表 1-5-1 中。

表 1-5-1　判别晶体管的管脚和管型

| 型号 | | | | |
|---|---|---|---|---|
| 管脚图 | | | | |
| 管型 | | | | |

2）用万用表检测晶体管的性能，填入表 1-5-2。

表 1-5-2　用万用表检测晶体管的性能

| 型号 | 基极（B）接红表笔 | | 基极（B）接黑表笔 | | 性能优劣 |
|---|---|---|---|---|---|
| | B、E 之间 | B、C 之间 | E、B 之间 | C、B 之间 | |
| | | | | | |
| | | | | | |
| | | | | | |
| | | | | | |
| | | | | | |

3）测试晶体管的 $\beta$ 值，填入表 1-5-3。

表 1-5-3　晶体管 $\beta$ 值的测试

| 型号 | $\beta$ 值 |
|---|---|
| | |
| | |

（续）

| 型号 | $\beta$ 值 |
|---|---|
| | |
| | |
| | |
| | |

## 知识链接

### 1. 概念

半导体晶体管也称双极型晶体管、晶体管，是一种电流控制电流的半导体器件。其作用是把微弱信号放大成幅值较大的电信号，也用作无触点开关。

### 2. 晶体管的分类

1）按材质分：硅晶体管、锗晶体管。

2）按结构分：NPN、PNP。

3）按工作频率分：高频晶体管、低频晶体管。

4）按制造工艺分：合金晶体管、平面晶体管。

5）按功率分：中、小功率晶体管和大功率晶体管等。

### 3. 晶体管的符号

晶体管的图形符号如图 1-5-1 所示。

### 4. 常见晶体管

常见晶体管的外形如图 1-5-2 所示。

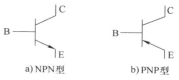

a）NPN型　　　b）PNP型

图 1-5-1　晶体管的电气图形符号

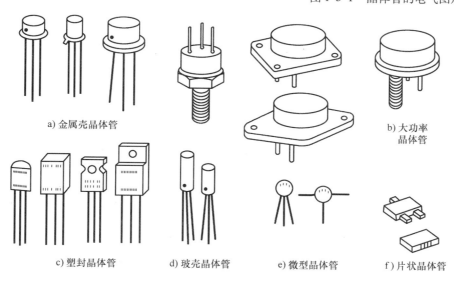

a）金属壳晶体管　　　　　　　　　　　b）大功率晶体管

c）塑封晶体管　　　d）玻壳晶体管　　　e）微型晶体管　　　f）片状晶体管

图 1-5-2　常见晶体管的外形

**7. 晶体管的主要参数**

1）工作电压/电流：用这个参数可以指定该管的电压电流使用范围。

2）$h_{FE}$：电流放大倍数。

3）$U_{CEO}$：集电极－发射极反向击穿电压，表示临界饱和时的饱和电压。

4）$P_{CM}$：最大允许耗散功率。

晶体管自身并不能把小电流变成大电流，它仅仅起着一种控制作用，控制着电路里的电源，按确定的比例向晶体管提供 $I_b$、$I_c$ 和 $I_e$ 这 3 个电流。

**6. 晶体管电极和管型的判别**

（1）目测法

1）管型的判别。从外观上来看，管型是 NPN 还是 PNP 应从管壳上标注的型号来辨别。依照标准，晶体管型号的第二位（字母）如果是 A、C 则表示 PNP 管，如果是 B、D 则表示 NPN 管，例如：3AX 为 PNP 型低频小功率晶体管，3DG 为 NPN 型高频小功率晶体管，3AD 为 PNP 型低频大功率晶体管，3DD 为 NPN 型低频大功率晶体管。

此外有国际流行的 9011～9018 系列高频小功率晶体管，除 9012 和 9015 为 PNP 型管外，其余均为 NPN 型管。

2）管极的判别。常用中、小功率晶体管有金属圆壳和塑料封装（半柱型）等外型，图 1-5-3 介绍了 3 种典型的外形和管极排列方式。

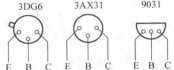

（2）用万用表电阻挡判别　晶体管内部有两个 PN 结，可用万用表电阻挡分辨 E、B、C 3 个极。在型号标 注模糊的情况下，也可用此法判别管型。

图 1-5-3　常见的晶体管的管脚排列

1）基极的判别。判别管极时应首先确认基极。对于 NPN 型晶体管，用黑表笔接假定的基极，用红表笔分别接触另外两个极，若测得电阻都小，为几百欧至几千欧；而将黑、红两表笔对调，测得电阻均较大，在几百千欧以上，此时黑表笔接的就是基极（B）。PNP 型晶体管，情况正相反，测量时两个 PN 结都正偏的情况下，红表笔接基极。

实际上，小功率晶体管的基极一般排列在 3 个管脚的中间，可用上述方法，分别将黑、红表笔接基极，既可测定晶体管的两个 PN 结是否完好（与二极管 PN 结的测量方法一样），又可确认管型。

2）集电极和发射极的判别。确定基极后，假设余下管脚之一为集电极 C，另一为发射极 E，用手指分别捏住 C 极与 B 极（即用手指代替基极电阻 $R_B$）。同时，将万用表两表笔分别与 C、E 接触，若被测管为 NPN 型，则用黑表笔接触 C 极、用红表笔接 E 极（PNP 型晶体管相反），观察指针偏转角度；然后再设另一管脚为 C 极，重复以上过程，比较两次测量指针的偏转角度，大的一次表明 $I_C$ 大，晶体管处于放大状态，相应假设的 C、E 极正确，如图 1-5-4

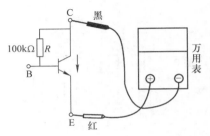

图 1-5-4　集电极和发射极的判别

所示。

**7. 晶体管性能的简易测量**

（1）用万用表电阻挡测 $I_{CEO}$ 和 $\beta$　基极开路，万用表黑表笔接 NPN 型晶体管的集电极 C、红表笔接发射极 E（PNP 型晶体管相反），此时 C、E 间电阻值大则表明 $I_{CEO}$ 小，电阻值小则表明 $I_{CEO}$ 大。

用手指代替基极电阻 $R_B$，用同上方法测 C、E 间电阻，若阻值比基极开路时小得多则表明 $\beta$ 值大。

（2）用万用表 $h_{FE}$ 挡测 $\beta$　有的万用表有 $h_{FE}$ 挡，按表上规定的极型插入晶体管即可测得电流放大系数 $\beta$，若 $\beta$ 很小或为零，表明晶体管已损坏，可用电阻挡分别测两个 PN 结，确认是否有击穿或断路。

## 任务评价

晶体管的识别与选用任务评价表见表 1-5-4。

表 1-5-4　晶体管识别与选用任务评价表

| 序号 | 项目 | 配分 | 评价要点 | 自评 | 互评 | 教师评价 |
|---|---|---|---|---|---|---|
| 1 | 晶体管管型的判别 | 24 | 每只晶体管判别正确得 4 分，总分 24 分 | | | |
| 2 | 晶体管管脚的判别 | 30 | 每只晶体管测试正确得 5 分，总分 30 分 | | | |
| 3 | 晶体管性能测试 | 18 | 每只晶体管测试正确得 3 分，总分 18 分 | | | |
| 4 | 晶体管 $\beta$ 值的测试 | 18 | 每只晶体管测试正确得 3 分，总分 18 分 | | | |
| 材料、工具、仪表 | | | 1. 每损坏或者丢失一样扣 10 分<br>2. 材料、工具、仪表没有放整齐扣 10 分 | | | |
| 环境保护意识 | | | 每乱丢一项废品扣 10 分 | | | |
| 节能意识 | | | 用完万用表后挡位放置不当扣 10 分 | | | |
| 安全文明操作 | | | 违反安全文明操作（视其情况进行扣分） | | | |
| 额定时间 | | | 每超过 5min 扣 5 分 | | | |
| 开始时间 | | 结束时间 | | 实际时间 | | 成绩 |
| 综合评议意见（教师） | | | | | | |
| 评议教师 | | 日期 | | | | |
| 自评学生 | | 互评学生 | | | | |

## 思考与练习

**一、填空题**

1. 衡量电阻器的两个最基本的参数是_____和_____。

2. 按色环递升次序写出 0～9 的对应的颜色：_____。

3. 标出以下实际电阻值：①电阻 1R2 表示_____；②电阻 1M2 表示_____。

4. 电感器的国标单位是_____；电容器的国标单位是_____。

5. 使用电解电容器时，必须注意_____。

6. 通常二极管的外壳上有极性标注环，有标注的脚为_____。

7. 晶体管按材料分为_____、_____两类；按结构分为_____、_____。

8. 读出题图 1-1-1 中各色环电阻器的电阻值，或由已知电阻值标出色环。

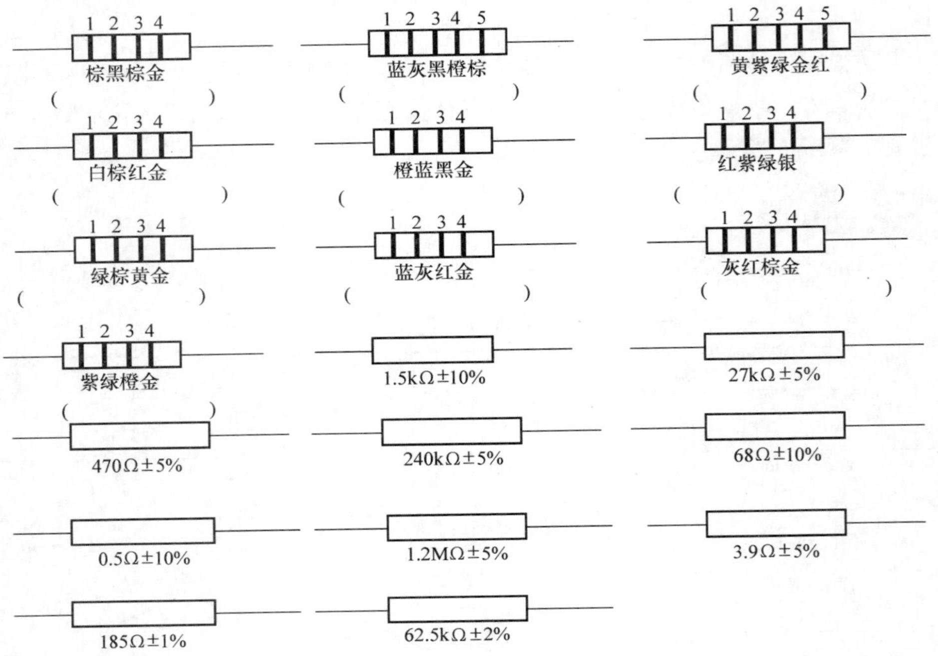

<table>
<tr>
<td>1 2 3 4<br>棕黑棕金<br>(　　　　)</td>
<td>1 2 3 4 5<br>蓝灰黑橙棕<br>(　　　　)</td>
<td>1 2 3 4 5<br>黄紫绿金红<br>(　　　　)</td>
</tr>
<tr>
<td>1 2 3 4<br>白棕红金<br>(　　　　)</td>
<td>1 2 3 4<br>橙蓝黑金<br>(　　　　)</td>
<td>1 2 3 4<br>红紫绿银<br>(　　　　)</td>
</tr>
<tr>
<td>1 2 3 4<br>绿棕黄金<br>(　　　　)</td>
<td>1 2 3 4<br>蓝灰红金<br>(　　　　)</td>
<td>1 2 3 4<br>灰红棕金<br>(　　　　)</td>
</tr>
<tr>
<td>1 2 3 4<br>紫绿橙金<br>(　　　　)</td>
<td>1.5kΩ±10%</td>
<td>27kΩ±5%</td>
</tr>
<tr>
<td>470Ω±5%</td>
<td>240kΩ±5%</td>
<td>68Ω±10%</td>
</tr>
<tr>
<td>0.5Ω±10%</td>
<td>1.2MΩ±5%</td>
<td>3.9Ω±5%</td>
</tr>
<tr>
<td>185Ω±1%</td>
<td>62.5kΩ±2%</td>
<td></td>
</tr>
</table>

题图　1-1-1

9. 二极管的特性是：_____。

10. 用红表笔接二极管正极测得的电阻大约是_____。

11. 用黑表笔接二极管正极测得的电阻大约是_____。

12. 用万用表 $R \times 100$ 和 $R \times 1k$ 挡测得的正向电阻_____。

13. 用万用表不同挡测得的二极管正向电阻不一样的原因是_____。

14. 怎样区分硅二极管和锗二极管？_____。

15. 如何判别二极管性能优劣？_____。

16. 晶体管具有 2 个 PN 结，分别是_____结和_____结，晶体管的 3 个电极分别是_____、_____和_____。

17. 晶体管的作用是：_____。

18. 在测试 PNP 型晶体管时，若用万用表检测发射极的反向电阻，则红表笔应接晶体管的_____，黑表笔应接_____，测出的电阻应在_____以上。

19. 晶体管的 3 个电流分配关系是_____。

20. 晶体管是_____电流控制_____电流。

**二、单项选择题**

1. 同一个线性电阻器用不同的电阻挡量程测量，得到的结果大小不一样，这是属于（　　）。

    A. 正常现象　　　　B. 万用表已损坏　　　　C. 电阻损坏　　　　D. 测量者操作不对

2. 某电阻器的色环排列是"绿蓝黑棕　棕"，此电阻的实际阻值和允许偏差是（　　）。

    A. $5600\Omega \pm 5\%$　　B. $5600k\Omega \pm 1\%$　　C. $5.6k\Omega \pm 1\%$　　D. $5.6k\Omega \pm 5\%$

3. 有一瓷介电容器的数码值为 473，表示其电容量为（　　）；

    A. $47\mu F$　　　　B. $0.047\mu F$　　　　C. $0.47\mu F$

4. 发光二极管内的两个电极中，面积较大的和面积较小的通常分别为（　　）极。

    A. 正，负　　　　B. 负，正　　　　C. K，负　　　　D. A，正

5. 一般要求二极管的正向电阻（　　）越好，反向电阻（　　）越好。

    A. 越小，越大　　B. 越大，越小　　C. 越小，中等　　D. 中等，越大

**三、判断题**

1. 电阻的基本标注单位是欧姆（$\Omega$），电容的基本标注单位是皮法（pF），电感的基本标注单位是微亨（$\mu H$）。　　　　　　　　　　　　　　　　（　　）

2. 同一型号的电阻器，功率越大，体形就越大。　　　　　　　　　　（　　）

3. 标注为 223 的瓷片电容器的电容量为 223pF。　　　　　　　　　　（　　）

4. 万用表不用时，最好将转换开关旋到直流电压最高挡。　　　　　　（　　）

5. 普通固定电阻器使用十分广泛，损坏后可以用额定功率、额定阻值均相同的电阻器代换。　　　　　　　　　　　　　　　　　　　　　　　　　　　　（　　）

6. 晶体管的 $\beta$ 值的大小决定了晶体管的放大能力。　　　　　　　（　　）

7. 晶体管是由 2 个 PN 结组成的，故可以用 2 个背靠背的二极管代替。　（　　）

**四、简答题**

1. 电容器的电容量常用数码表示，试说明：103、229、472、682 各自表示的电容量是多少？

2. 如何用万用表检测二极管的好坏与极性？选择二极管一般要考虑哪些问题？

# 项目二　简单电路板的焊接工艺

电子产品组装离不开印制电路板（PCB）焊接工艺。焊接 PCB 的过程中需手工插件、手工焊接、修理和检验。在插装元器件之前，必须对元器件的引线加工成型。本项目主要学习元器件引线加工、导线加工和手工焊接工艺，以使学生能够在电子产品生产过程中进行相应焊接方法的操作，能正确使用焊接工具和设备，为以后从事相应工作打下一定的实践基础。

## 任务一　元器件的引线加工成型和插装

### 任务目标

**知识目标**

掌握元器件引线的加工成型的基本要求和方法；掌握元器件的插装要求和方法。

**技能目标**

会正确选择元器件引线预加工工具；会按元器件引线成型工艺要求进行加工；会按元器件插装工艺要求进行插装。

**情感目标**

养成规范操作、认真细致、严谨求实的工作态度。

### 任务描述

在组装 PCB 时，为了使元器件排列整齐、美观，因此对元器件引线的加工就成为不可缺少的一个步骤。在工厂里，元器件引线的成型多采用模具，本章采用尖嘴钳或镊子手工加工。本任务就是学习对元器件引线进行加工成型的要求和方法及其插装方法。

### 任务实施

1）按要求分别对电阻、电容、二极管、晶体管的引线进行加工，如图 2-1-1 所示。

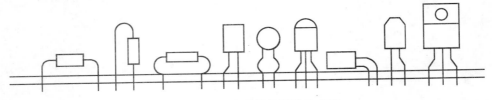

图 2-1-1　PCB 上元器件引线的成型

2）对元器件进行插装，如图 2-1-2 所示。

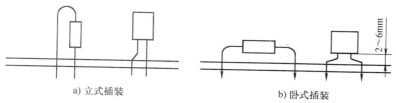

图 2-1-2　元器件插装形式

## 知识链接

### 1. 元器件引线成型的方法

手工弯折方法如图 2-1-3 所示，用带圆弧的长嘴钳或医用镊子靠近元器件的引线根部，按弯折方向弯折引线即可。

### 2. 元器件引线成型的技术要求

1）引线成型后，元器件本体不应产生破裂，表面封装不应损坏，引线弯曲部分不允许出现模印、压痕和裂纹。

2）引线成型尺寸应符合安装要求。无论是立式安装还是卧式安装，无论是二极管还是集成电路，通常引线成型尺寸都有基本要求：引线折弯处距离根部的最小距离 $A$ 要大于 2mm；弯曲的半径 $r$ 要大于引线直径的 2 倍，两根引线打弯后要相互平行，标称值要处于便于查看的位置。如图 2-1-4、图 2-1-5 所示，$A \geqslant 2mm$，$r \geqslant 2d$（$d$ 为引线直径）。

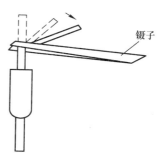

图 2-1-3　手工弯折方法

3）若引线上有熔接点时在熔接点和元器件本体之间不允许有弯曲点，熔接点到弯曲点之间应保持 2mm 的间距。

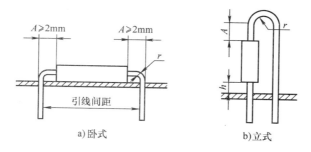

a) 卧式　　　　　b) 立式

图 2-1-4　引线成型尺寸

4）晶体管和圆形外壳集成电路的引线成型要求如图 2-1-5 所示。

### 3. 元器件的正确插装

（1）插装的类型

1）卧式插装法（水平式）是将元器件紧贴 PCB 插装，元器件与 PCB 的间距视具体情况而定，如图 2-1-6 所示。这种方法的优

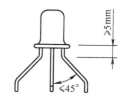

图 2-1-5　晶体管和圆形外壳的引线成型要求

点是稳定性好、比较牢固,受振动时不易脱落。

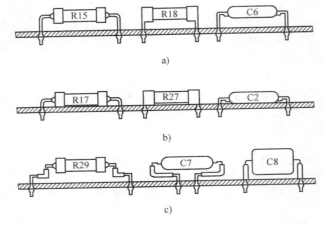

a)

b)

c)

图 2-1-6  卧式插装法

2)立式插装法(垂直式)如图 2-1-7 所示,其优点是密度较大,占用 PCB 的面积小,拆卸方便,电容器、晶体管多数采用这种方法。

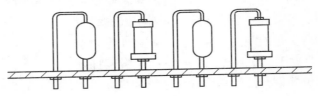

图 2-1-7  立式插装法

(2)插装的要求

1)卧式插装电阻器时,方向应一致,标志应向上(见图 2-1-8)。

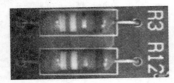

图 2-1-8  卧式插装电阻器时的要求

2)立式插装电阻器时,高度应一致,标志应一致(见图 2-1-9)。

3)电解电容器的插装有方向性,应注意正、负极性(见图 2-1-10)。

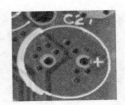

图 2-1-9  立式插装电阻器时的要求　　　　图 2-1-10  电解电容器的插装

4）所有二极管的插装都有方向性，应注意正、负极性（见图2-1-11）。

5）所有晶体管的插装都有方向性，应注意极性（见图2-1-12）。

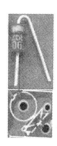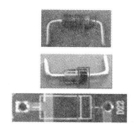

图2-1-11  二极管的插装

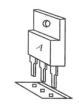

图2-1-12  晶体管的插装

## 任务评价

元器件的引线加工成型和插装任务评价表见表2-1-1。

表2-1-1  元器件的引线加工成型和插装任务评价表

| 序号 | 项目 | 配分 | 评价要点 | 自评 | 互评 | 教师评价 |
|---|---|---|---|---|---|---|
| 1 | 电阻器引线的加工 | 20 | 每个元件2分 | | | |
| 2 | 瓷片电容器引线的加工 | 10 | 每个元件2分 | | | |
| 3 | 电解电容器引线的加工 | 10 | 每个元件2分 | | | |
| 4 | 二极管引线的加工 | 10 | 每个器件2分 | | | |
| 5 | 晶体管引线的加工 | 10 | 每个器件2分 | | | |
| 6 | 元器件插装 | 30 | 每个元器件1分 | | | |
| | 材料、工具、仪表 | | 每损坏或者丢失一样扣10分<br>材料、工具、仪表没有放整齐扣10分 | | | |
| | 环境保护意识 | | 每乱丢一项废品扣10分 | | | |
| | 节能意识 | | 用完电烙铁后不拔电源扣10分 | | | |
| | 安全文明操作 | | 违反安全文明操作（视其情况进行扣分） | | | |
| | 额定时间 | | 每超过5min扣5分 | | | |
| 开始时间 | | 结束时间 | | 实际时间 | | 成绩 |
| 综合评议意见（教师） | | | | | | |
| 评议教师 | | | 日期 | | | |
| 自评学生 | | | 互评学生 | | | |

# 任务二　导线的加工

 **任务目标**

**知识目标**

了解绝缘导线、屏蔽导线加工工艺要求。

**技能目标**

会正确选择加工工具，按绝缘导线、屏蔽导线、电缆线端头加工工艺要求完成剪裁、剥头、捻紧、浸锡等加工。

**情感目标**

通过本项目的教学，激发学生对电子实训的兴趣。

**任务描述**

在电子整机装配之前，要对整机所需的各种导线、元器件、零部件等进行预先加工处理。这些准备工作，称为装配准备工艺。本任务就是利用常用工具对导线进行加工来学习导线加工的要求和方法。

**任务实施**

1. 分别用剥线钳、电工刀、电烙铁各剥 10 个绝缘导线头。
2. 对多股导线进行捻头处理。
3. 用电工刀和电烙铁对 4 个同轴电缆进行剥头。
4. 对线头进行浸焊处理。
5. 对屏蔽导线的金属屏蔽网进行加工。

**知识链接**

导线在无线电整机中是必不可少的线材，它在整机的电路之间、分机之间起到进行电气连接与相互间传递信号的作用。在整机装配前必须对所使用的线材进行加工，一般包括绝缘导线端头加工工艺和屏蔽导线端头加工工艺。

**1. 绝缘导线端头加工工艺**

（1）绝缘导线端头加工工序　剪裁→剥头→清洁→捻头（对多股线）→浸锡，现将主要加工工序分述如下。

1）剪裁。导线应按先长后短的顺序，用斜嘴钳、自动剪线机或半自动剪线机进行剪切。剪裁绝缘导线时要拉直再剪。剪线要按工艺文件中导线加工表的规定进行，长度应符合公差要求（如无特殊公差要求可按表 2-2-1 选择公差）。导线的绝缘层不允许损伤，否则会降低其绝缘性能；导线的芯线应无锈蚀，否则影响导线传输信号的能力。故绝缘层已损坏或芯线有锈蚀的导线不能使用。

**表 2-2-1　导线长度与公差要求表**

| 导线长度/mm | 50 | 50～100 | 100～200 | 200～500 | 500～1000 | ＞1000 |
|---|---|---|---|---|---|---|
| 公差/mm | 3 | 5 | 5～10 | 10～15 | 15～20 | 30 |

2）剥头　将绝缘导线的两端去掉一段绝缘层而露出芯线的过程称为剥头。在生产中，剥头长度应符合工艺文件（导线加工表）的要求。剥头长度应根据芯线截面面积和接线端子的形状来确定。表 2-2-2 根据一般电子产品所用的接线端子，按连接方式列出了剥头长度及调整范围。

**表 2-2-2　剥头长度及调整范围表**

| 连接方式 | 剥头长度/mm | |
|---|---|---|
| | 基本尺寸 | 调整范围 |
| 搭焊 | 3 | 2.0 |
| 勾焊 | 6 | 4.0 |
| 绕焊 | 15 | ±0 |

剥头时不应损伤芯线，多股芯线应尽量避免断股，一般可按表 2-2-3 进行检查。常用的方法有刃截法和热截法两种。

刃截法就是用专用剥线钳进行剥头。在大批量生产中多使用自动剥线机，手工操作时也可用剪刀、电工刀。刃截法的优点是操作简单易行，只要把导线端头放进钳口并对准剥头距离，握紧钳柄，然后松开，取出导线即可。为了防止出现损伤芯线或拉不断绝缘层的现象，应选择与芯线粗细相配的钳口。刃截法易损伤芯线，故对单股导线不宜用刃截法。

**表 2-2-3　芯线股数与允许损伤芯线的股数关系表**

| 芯线股数 | 允许损伤芯线的股数 |
|---|---|
| ＜7 | 0 |
| 7～15 | 1 |
| 16～18 | 2 |
| 19～25 | 3 |
| 26～36 | 4 |
| 37～40 | 5 |
| ＞40 | 6 |

热截法就是使用热控剥皮器进行剥头。使用时将剥皮器预热一段时间，待电阻丝呈暗红色时便可进行截切。为使切口平齐，应在截切时同时转动导线，待四周绝缘层均被切断后用手边转动边向外拉，即可剥出端头。热截法的优点是操作简单，不损伤芯线，但加热绝缘层时会放出有害气体，因此要求有通风装置。操作时应注意调节温控器的温度。温度过高易烧焦导线，温度过低则不易切断绝缘层。

3）清洁。绝缘导线在空气中长时间放置，导线端头易被氧化，并且有些芯线上有油漆层，影响焊接。故在浸锡前应进行清洁处理，除去芯线表面的氧化层和油漆层，提高导线端头的可焊性。清洁的方法有两种：一是用小刀刮去芯线的氧化层和油漆层，在刮时注意用力适度，同时应转动导线，以便全面刮掉氧化层和油漆层；二是用砂纸清除掉芯线上的氧化层和油漆层，用砂纸清除时，砂纸应由导线的绝缘层端向端头单向运动，以避免损伤导线。

4）捻头。多股芯线经过清洁后，芯线易松散开，因此必须进行捻头处理，以防止浸锡后线端直径太粗。捻头时应按原来合股方向扭紧。捻线角一般在 30° ~ 45° 之间，如图 2-2-1 所示。捻头时用力不宜过猛，以防捻断芯线。大批量生产时可使用捻头机进行捻头。

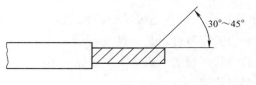

图 2-2-1　捻头的方法

5）浸锡。经过剥头和捻头的导线应及时浸锡，以防止氧化。通常使用锡锅浸锡。锡锅通电加热后，锅中的钎料熔化。将导线端头蘸上助焊剂后，将导线垂直插入锅中，并且使浸锡层与绝缘层之间有 1 ~ 2mm 间隙，待浸润后取出即可，浸锡时间为 1 ~ 3s。浸锡时，应随时清除残渣，以确保浸锡层均匀、光亮。

（2）导线加工的技术要求　①不能损伤或剥断芯线；②芯线捻合要又紧又直；③芯线浸锡后，表面要光滑，无毛刺、无污物；④不能烫伤导线的绝缘层。

**2. 屏蔽导线端头加工工艺**

为了防止导线周围的电场或磁场干扰电路正常工作而在导线外加上金属屏蔽层，这就构成了屏蔽导线。在对屏蔽导线进行端头处理时应注意去除的屏蔽层不宜太多，否则会影响屏蔽效果。去除的长度应根据导线的工作电压而定，通常可按表 2-2-4 中所列的数据进行选取。

表 2-2-4　工作电压与去除屏蔽层长度的关系

| 工作电压 | 去除屏蔽层长度 |
| --- | --- |
| 600V 以下 | 10 ~ 20mm |
| 600 ~ 3000V | 20 ~ 30mm |
| 3000V 以上 | 30 ~ 50mm |

由于对屏蔽导线的质地和设计要求不同，线端头加工的方法也不同。现将主要加工方法和步骤分述如下：

（1）屏蔽导线不接地端的加工步骤　屏蔽导线不接地端的加工步骤如图 2-2-2 所示。

1）采用热截法或刃截法剥去一段屏蔽导线的外绝缘层，如图 2-2-2a 所示；

2）松散屏蔽层的铜编织线，用左手拿住屏蔽导线的外绝缘层，用右手推屏蔽铜编织线，使之成为图 2-2-2b 所示形状。

3）用剪刀剪断屏蔽铜编织线，如图 2-2-2c 所示。

4）将屏蔽铜编织线翻过来，如图 2-2-2d 所示。

5）套上热收缩套并加热，使套管套牢，如图 2-2-2e 所示。

6）截去芯线外绝缘层，然后给芯线浸锡，如图 2-2-2f 所示。

（2）屏蔽导线接线端的加工步骤　屏蔽导线接地端的加工步骤，如图 2-2-3 所示。

1）用热截法或刃截法剥去一段屏蔽导线的外绝缘层，如图 2-2-3a 所示。

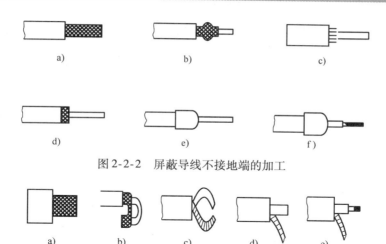

图 2-2-2　屏蔽导线不接地端的加工

图 2-2-3　屏蔽导线接地端的加工

2）从屏蔽铜编织线中取出芯线，如图 2-2-3b 所示。操作时可用钻针或镊子在屏蔽铜编织线上拨开一个小孔，弯曲屏蔽层。

3）从小孔中取出导线，如图 2-2-3c 所示。

4）将屏蔽铜编织线拧紧，也可以将屏蔽铜编织线剪短并去掉一部分，然后焊上一段引出线，以做接地线使用，如图 2-2-3d 所示。

5）去掉一段芯线绝缘层，并将芯线和屏蔽铜编织线进行浸锡，如图 2-2-3e 所示。

线端经过加工的屏蔽导线，一般需要在线端套上绝缘套管，以保证绝缘和便于使用。给线端加绝缘套管，通常可用图 2-2-4 所示的几种方法：

图 2-2-4　屏蔽导线线端加绝缘套管

1）用热收缩套管时，可用灯泡或电烙铁烘烤，收缩套紧即可。

2）用稀释剂软化套管时，可将套管泡在稀释剂（香蕉水）中 30min 后取出套上，待香蕉水挥发尽后便可套紧。

## 任务评价

导线加工任务评价表见表 2-2-5。

表 2-2-5　导线加工任务评价表

| 序号 | 项目 | 配分 | 评价要点 | 自评 | 互评 | 教师评价 |
| --- | --- | --- | --- | --- | --- | --- |
| 1 | 用剥线钳加工导线 | 10 | 每个线头 1 分 | | | |
| 2 | 用电工刀加工导线 | 10 | 每个线头 1 分 | | | |
| 3 | 用电烙铁加工导线 | 10 | 每个线头 1 分 | | | |

产生产与管理

（续）

| 序号 | 项目 | 配分 | 评价要点 | 自评 | 互评 | 教师评价 |
|---|---|---|---|---|---|---|
| 4 | 多股导线的捻头处理 | 20 | 每个线头1分 | | | |
| 5 | 线头浸焊处理 | 30 | 每个线头1分 | | | |
| 6 | 同轴电缆的剥头 | 8 | 每个线头2分 | | | |
| 7 | 屏蔽导线线头的加工 | 12 | 每个线头4分 | | | |
| | 材料、工具、仪表 | | 每损坏或者丢失一样扣10分 材料、工具、仪表没有放整齐扣10分 | | | |
| | 环境保护意识 | | 每乱丢一项废品扣10分 | | | |
| | 节能意识 | | 用完电烙铁后不拔电源扣10分 | | | |
| | 安全文明操作 | | 违反安全文明操作（视其情况进行扣分） | | | |
| | 额定时间 | | 每超过5分钟扣5分 | | | |

| 开始时间 | | 结束时间 | | 实际时间 | | 成绩 | |
|---|---|---|---|---|---|---|---|
| 综合评议意见（教师） | | | | | | | |
| 评议教师 | | | 日期 | | | | |

# 任务三　印制电路板的手工焊接

 任务目标

**知识目标**

1. 懂得手工焊接基本工具的用法以及焊接的质量要求。

2. 掌握手工焊接的步骤。

**技能目标**

1. 会正确进行手工焊接。

2. 会控制焊点的形状，会分析判断焊点的质量。

**情感目标**

培养学生实事求是的科学态度、一丝不苟的严谨作风和勇于探索的精神。

任务描述

电子产品的组装是以印制电路板（PCB）为中心展开的，PCB的组装是整机装配的关键环节，它直接影响产品的质量，故掌握PCB的焊接技巧是十分重要的。本任务就是通过焊接PCB来学习手工焊接的知识与方法。

34

## 任务实施

### 1. PCB 焊接前的准备

（1）元器件引线的成型  如图 2-1-1 所示。

（2）元器件插装  如图 2-1-2 所示。

### 2. PCB 的焊接

PCB 的焊接步骤如图 2-3-1 所示。

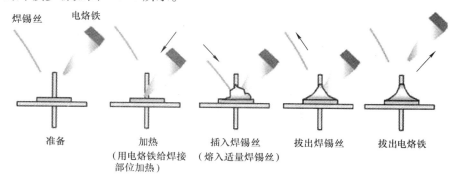

图 2-3-1  PCB 的焊接步骤

## 知识链接

### 1. 焊接工具和材料

焊接时常用的工具和材料如图 2-3-2 所示。

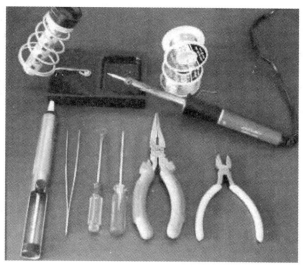

图 2-3-2  焊接时常用的工具和材料

（1）焊接工具  由于发热元件（烙铁心）装于烙铁头内部，故称为内热式电烙铁，常用的规格有 20W、35W 和 50W 等，内热式电烙铁的外形如图 2-3-3 所示。

图 2-3-3 电烙铁的外形

1）电烙铁的作用：电烙铁是手工焊接的基本工具，其作用是把适当的热量传送到焊接部位，以便只熔化钎料而不熔化元器件，使钎料与被焊金属连接起来。

2）电烙铁的结构：烙铁头、烙铁芯（发热元件）、金属套管、绝缘手柄套筒、电源线，如图 2-3-4 所示。

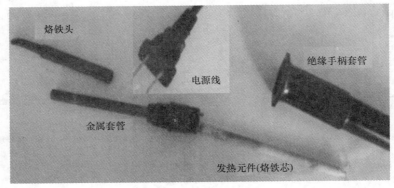

图 2-3-4 电烙铁的结构

3）内热式电烙铁的使用注意事项如下：①电烙铁初次使用时应先处理才能使用；②烙铁头要经常保持清洁；③电烙铁工作时要放在特制的烙铁架上，以免烫坏其他物品造成安全隐患。常用的烙铁架如图 2-3-5 所示，一般放在工作台右上方，这样比较方便操作。

图 2-3-5 烙铁架

4）处理烙铁头。一把新的电烙铁不能直接投入使用，必须对烙铁头进行处理，即使用前先除去氧化层并给烙铁头镀上一层锡，其方法和步骤见表 2-3-1。

表 2-3-1 烙铁头处理步骤

| 步骤 | 图 例 | 方 法 |
|---|---|---|
| 1 |  | 待处理的烙铁头 |

（续）

| 步骤 | 图　例 | 方　　法 |
|------|--------|----------|
| 2 |  | 　如果烙铁头是刚更换的，或者是经长期使用已发生损坏和严重氧化现象，先用锉刀把烙铁头按需要的角度锉好，再用锉刀（或砂纸）打磨烙铁头，将氧化层除去，露出平整光滑的铜表面 |
| 3 |  | 　将打磨好的电烙铁放入松香中加热，随着温度上升，烙铁头蘸上一层融化的松香，这样烙铁头被锉刀处理过的部分就不会被氧化 |
| 4 |  | 　用焊锡丝在烙铁头上薄薄地镀上一层锡 |
| 5 |  | 　检查烙铁头的使用部分是否全部镀锡，如有未镀的地方，应重沾松香并镀锡，直至全部镀好为止 |

5）电烙铁的拆装与故障处理

拆卸电烙铁时，首先拧松手柄上的紧固螺钉，旋下手柄，然后拆下电源线和烙铁芯；最后拔下烙铁头。安装时的次序与拆卸相反，只是在旋紧手柄时，勿使电源线随手柄一起扭动，以免电源线接头处被绞坏造成短路。另外安装电源线时，其接头处裸露的铜线一定要尽可能短，否则易造成短路事故。

电烙铁的电路故障一般有短路和开路两种。用万用表电阻挡检查电源插头两插脚之间的电阻，阻

图 2-3-6　钎料

值若趋近于零就是短路，短路的位置一般在手柄或插头中的接线处，重新连接即可。若用万用表电阻挡测出的电阻值是无穷大，就是断路。这时应旋开手柄，测烙铁芯两个接线柱间的电阻值，如果是 2kΩ 左右，说明烙铁芯没问题，应是电源线或接头脱焊，更换电源线或重新连接即可；否则就是烙铁芯的电阻丝烧断，更换烙铁芯，故障即可排除。

（2）焊接材料（分为钎料和焊剂）

1）钎料：钎料为易熔金属，手工焊接所使用的钎料为锡铅合金，如图 2-3-6 所示。

2）焊剂分为助焊剂和阻焊剂，如图 2-3-7 所示。

常用的助焊剂是松香、松香水和焊锡膏。松香是电子装配中最常用的助焊剂，有黄色、褐色两种，以淡黄色、透明度好的松香为佳品。松香水是由松香、酒精、三乙醇胺配制而成的液体助焊剂。

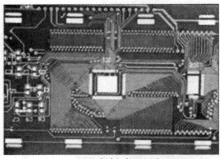

a) 助焊剂(松香)　　　　　　　　　　b) 阻焊剂(光固树脂)

图 2-3-7　焊剂

钎料和焊剂的结合——手工焊锡丝如图 2-3-8 所示。

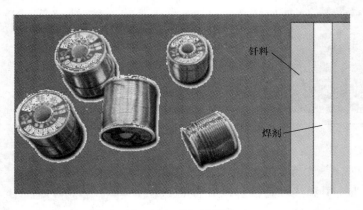

钎料

焊剂

图 2-3-8　手工焊锡丝

**2. 焊接的基本知识**

（1）焊接的姿势　挺胸端坐，切勿弯腰，鼻尖与烙铁头至少应保持 20cm 以上的距离，通常以 40cm 为宜（距烙铁头 20～30cm 处时的有害化学气体、烟尘的浓度是卫生标准所允许的）。

（2）电烙铁的外形及握法　3 种握法中：反握式不常用；正握式常用于大功率、弯形烙铁头的电烙铁，适合于大型电子设备的焊接；握笔式是常见的握法，这种握法使用的烙铁头一般是直型的，适合小型电子设备和 PCB 的焊接。电烙铁的握法如图 2-3-9 所示。

（3）焊锡丝的拿法　用左手的拇指、食指和小指夹住焊锡丝，如图 2-3-10a 所示，在另外两个手指的配合下把焊锡丝连续向前送出，适用于连续焊接。

焊锡丝通过左手的虎口，如图 2-3-10b 所示，用大拇指和食指夹住。由于这种方法不能

a) 反握法

b) 正握法

c) 握笔法

图 2-3-9　电烙铁的握法

连续向前送出焊锡丝，因此适用于断续焊接。

（4）焊接前的准备　手工焊接的过程可归纳成 8 个字"一刮、二镀、三测、四焊"。而刮、镀、测属于正式焊接前的准备过程。

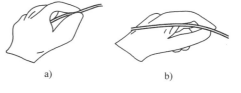
a)　　　　　　b)

图 2-3-10　焊锡丝的拿法

1）刮：就是处理焊接对象的表面。元器件的引线一般都镀有一层薄薄的钎料，但时间一长，引线表面会产生一层氧化膜而影响焊接，所以焊接前首先要用刮刀将氧化膜去掉。

注意事项：

① 清洁焊接元器件引线的工具，可用废锯条做成的刮刀，如图 2-3-11a 所示；②焊接前，应先刮去引线上的油污、氧化层和绝缘漆，直到露出纯铜表面，没有其他脏物为止，也可采用细砂纸打磨，如图 2-3-11b 所示；③对于有些镀金、镀银的合金引线，因为其基材难于搪锡，所以不能把镀层刮掉，可用粗橡皮擦去除表面的脏物；④元器件引脚根部留出一小段不刮，以免引线根部被刮断；⑤多股引线也应逐根刮净，刮净后将多股线拧成绳状。

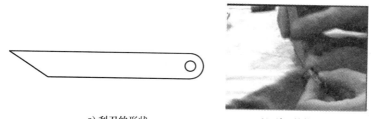
a) 刮刀的形状　　　　　　b) 刮刀的使用

图 2-3-11　刮刀的形状及砂纸使用

2）镀：是指对被焊部位镀锡。将刮好的引线放在松香上，用带锡的烙铁头轻压引线，往复摩擦并连续转动引线，使引线各部分均匀镀上一层锡。

注意事项：

① 引线作清洁处理后，应尽快镀锡，以免表面重新氧化；②对于多股引线镀锡，应注意导线一定要拧紧，防止镀锡后直径增大不易焊接或穿管。

3）"测"：指对镀过锡的元器件进行检查。检查经电烙铁高温加热镀锡后元器件是否被损坏。

（5）焊接法

1）五步焊接法：具体步骤见表2-3-2。

表2-3-2　五步焊接法

| 步骤 | 图　例 | 详　解 |
|---|---|---|
| 准备施焊 | 焊锡　焊锡 | 准备好被焊元器件，把电烙铁加热到工作温度，保持烙铁头干净并搪好锡，一手握电烙铁，一手拿焊锡丝，烙铁头和焊锡丝同时移向焊接点，并分别处于被焊元器件两侧一定距离（5～10mm）处等待 |
| 加热焊件 | | 待烙铁头温度合适后轻压在被焊元器件及焊盘处，使包括被焊元器件端子及焊盘在内的整个焊件全部均匀受热。一般让烙铁头部分（较大部分）接触热容量较大的焊件，烙铁头侧面或边缘部分接触热容量较小的焊件，以保持焊件均匀受热，注意不要随意拖动电烙铁 |
| 送入焊锡丝 | | 当被焊部位温度升高到焊接温度时，使焊锡丝从电烙铁对面接触焊件，熔化焊锡 |
| 移开焊锡丝 | | 当焊锡丝熔化到一定量，能包围焊点占满焊盘后（即送锡量一般以能全面润湿整个焊点为佳），迅速移去焊锡丝 |
| 移开电烙铁 | | 移去焊锡丝后，迅速移去电烙铁（电烙铁和焊盘成45°的方向撤离）。撤掉电烙铁时要干脆，以免形成拉尖，同时电烙铁应轻轻旋转一下，以便吸收多余的钎料 |

2）三步焊接法：具体步骤见表2-3-3。

表2-3-3　三步焊接法

| 步骤 | 图　例 | 详　解 |
|---|---|---|
| 准备 | | 右手持电烙铁，左手拿焊锡丝并与焊件靠近，处于随时可以焊接的状态 |
| 加热与加钎料 | | 待电烙铁温度合适时，在被焊件的两侧，同时放上电烙铁和焊锡丝 |

（续）

| 步骤 | 图例 | 详解 |
|------|------|------|
| 移开焊锡丝和电烙铁 | | 当钎料的扩散达到要求后，迅速拿开焊锡丝和电烙铁（注意焊锡丝要先离开而电烙铁随后离开） |

3）检查焊点是否合适：对照图 2-3-12、图 2-3-13，检查焊点是否合适。

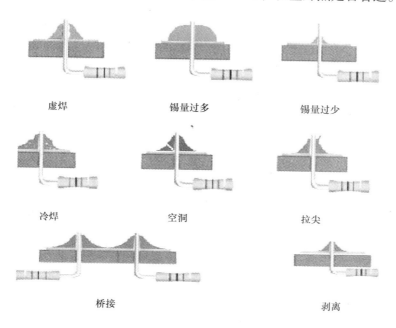

图 2-3-12　焊点的外观缺陷

（6）拆焊技术　拆焊又称解焊。在装配、调试、维修过程中，常需要将已焊接的连线或元器件拆除，这个过程就是拆焊，它也是焊接技术的一个重要组成部分。在实际操作上，拆焊要比焊接更困难，更需要恰当的方法和工具。如果拆焊不得法，很容易将元器件损坏，或使铜箔脱落，破坏 PCB。

1）拆焊工具。常用的拆焊工具除普通电烙铁外还有如下几种：①空心针管用来吸取融化的钎料，可用医用针管改装，也可购买专用维修空心针管；②吸锡器与电烙铁配合使用，以吸取 PCB 焊盘上的钎料，外形及结构如图 2-3-14 所示。

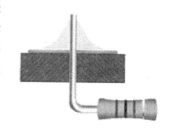

图 2-3-13　合格的焊点

图 2-3-14　吸锡器的外形及结构

2）各类焊点的拆焊方法：

拆引线焊点时，首先用烙铁头加热并去掉钎料，然后用镊子撬起引线，抽出引线。如引线用缠绕的焊接方法，则要将引线用工具拉直后再抽出。撬、拉引线时不要用力过猛，也不要用烙铁头乱撬，要先弄清引线的方向再拆。

对于的电阻器、电容器、晶体管等引线不多且较细的元器件，可以采用分点拆焊法，用电烙铁直接进行拆焊。具体方法是一边用电烙铁对焊点加热至钎料熔化，一边用镊子夹住元器件的引线，轻轻地将其拉出来，如图 2-3-15 所示。然后对 PCB 上的原焊点位置进行清理，并调直元器件的引线，以备重新焊接。

对于有塑料骨架的元器件，因为这些元器件的骨架不耐高温，可以采用间接加热拆焊法（即用钳子夹着引脚以散热）。拆焊时，先用电烙铁加热除去焊接点上的钎料，露出引线的轮廓，再用镊子或捅针挑开焊盘与引线间的残留钎料，最后用烙铁头对已挑开的个别焊点加热，待钎料熔化时，趁热拔下元器件。

利用吸锡器拆焊时，先用电烙铁对焊点进行加热，待钎料熔化后，撤去电烙铁，同时用吸锡器将焊点上的钎料吸除，如图 2-3-16 所示。

图 2-3-15　用镊子拉出元件引线

图 2-3-16　利用吸锡器拆焊

### 2. 电烙铁焊接工艺

（1）判断烙铁头的温度　电烙铁焊接时最适合的温度为 300℃，可以用松香来判断电烙铁的温度是否适合。在加热的烙铁头上沾点松香，根据松香的烟量大小来判断温度是否合适，见表 2-3-4。

表 2-3-4　利用松香判断烙铁头的温度

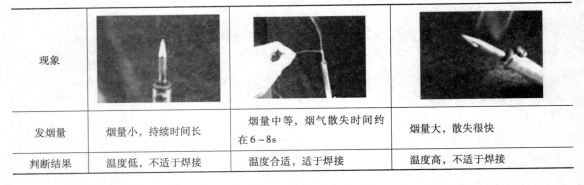

| 现象 | | | |
| --- | --- | --- | --- |
| 发烟量 | 烟量小，持续时间长 | 烟量中等，烟气散失时间约在 6~8s | 烟量大，散失很快 |
| 判断结果 | 温度低，不适于焊接 | 温度合适，适于焊接 | 温度高，不适于焊接 |

（2）焊接过程中的操作要点和注意事项　焊接是电子产品组装中最主要的环节之一，一个焊点有问题不但会给整机的调试带来很大的麻烦，而且可能会使整个产品失灵。要在众多焊点中找到有问题的焊点并不是一件简单的事，所以焊接工作必须精益求精。

1）烙铁头的温度要适当。如温度过低，被焊物金属表面未达到焊接温度，钎料只是依附在金属的表面上，不能形成金属化合物，就会形成虚焊。另外温度过低时，助焊剂（这里指松香）不能充分挥发，会在焊接金属物表面与钎料之间形成松香层，由于松香是不导电的，就会形成假焊。

2）焊接的时间要适当。焊接的时间一般应在几秒内，时间过长或过短都不好。如果时间过长，则焊点上的助焊剂完全挥发，就失去了助焊作用。另外焊接时间过长，温度就会过高，容易损坏被焊元器件、导线绝缘层及接点；而焊接的时间过短，焊接点的温度达不到焊接温度，钎料不能充分熔化，未挥发的助焊剂会在钎料与焊接点之间形成绝缘层，造成虚焊、假焊。

3）助焊剂的量要合适。焊接时要用适量的助焊剂，得到合适的焊点。过量的助焊剂不仅增加焊后的清洗工作量，延长工作时间，而且当加热不足时，会造成"加渣"现象。

4）防止钎料任意流动。理想的焊接应当是钎料只在需要焊接的地方。温度过高时，钎料流动很快，不易控制。在焊接操作时，开始时钎料要少些，待焊点达到焊接温度，钎料流入焊点空隙后再补充钎料，迅速完成焊接。

5）焊接后不要立刻触动焊接点。焊点上的钎料尚未完全凝固时，不应触动焊接点上的被焊元器件及导线，否则焊点周围的钎料变形，可能出现虚焊现象。

6）及时做好焊接清除工作。焊接完毕焊锡凝固后，应剪掉过长引脚并及时清除焊接时掉下的锡渣，防上落入产品内带来隐患。

（3）合格焊点的标准与检查　对焊点最关键的要求就是避免假焊、虚焊和连焊。假焊会使电路完全不通；虚焊会使焊点成为有接触电阻的连接状态，从而使电路的工作状态时好时坏；连焊会造成短路。此外，还有部分虚焊点，在电路刚开始工作的一段时间内，能保持焊点的接触尚好，使电路工作正常，但经过较长工作时间后，接触表面逐步被氧化，接触电阻慢慢变大，最后导致电路不能正常工作。所以焊接完成后，首先应对焊接质量进行外观检验。

1）外观检验的标准：①焊点表面明亮、平滑有光泽，对称于引线，无针眼、无砂眼、无气孔；②钎料充满整个焊盘，形成对称的焊角；③焊接外形应以焊件为中心，均匀、成裙状拉开；④焊点干净，见不到助焊剂的残渣，在焊点表面应有薄薄的一层助焊剂；⑤焊点上没有拉尖、裂纹。

2）外观检测的方法：

① 目测法：看焊点的外观质量及 PCB 整体的情况是否符合外观检验标准，检查是否有漏焊、连焊、桥接、钎料飞溅以及导线和元器件的绝缘部分是否有损伤等焊接缺陷。

② 手触法：用手触摸元器件（不是触摸焊点），对可疑焊点也可以用镊子轻轻牵拉引线，观察焊点有无异常，这对发现虚焊和假焊特别有效，检查有无导线断线、焊盘脱落等缺陷。

（4）PCB 和特殊元器件的焊接　PCB 的焊接质量必须保证可靠和一致，才能保证整机的性能质量。尽管在自动化生产中 PCB 的焊接已经日趋完善，但在产品研制、维修领域主要还是手工操作的。

① PCB 的焊接特点。PCB 是用粘结剂把铜箔压粘在绝缘板上制成的，铜箔与这些绝缘

材料的粘合能力本来就不强，高温时就更差。由于铜箔与绝缘板的膨胀系数不同，如果焊接时温度过高、时间过长，就会引起 PCB 起泡、变形甚至使铜箔脱落。

② PCB 的手工焊接过程。首先检查 PCB 的可焊性，即检查 PCB 的表面处理是否合格，应无氧化发黑或污染变质。如有氧化变质现象可用蘸有无水酒精的棉球擦拭；其次检查元器件并镀锡（"刮""镀""测"）；最后将元器件成型后插装。

PCB 的焊接可以采用三步焊接法，因每焊完一个焊接点时烙铁头上尚余少量钎料和未完全挥发的助焊剂，所以不需等待即可连续焊接。

**2. PCB 手工焊接的注意事项：**

PCB 手工焊接的关键是操作要准和快。

① 温度要适当，加温时间要短。PCB 的焊盘面积小、铜箔薄，一般每个焊盘只穿入一根导线，每个焊接点能承受的热量很少，只要烙铁头稍一接触焊接点即可达到焊接温度，且上一个焊点焊好后烙铁头的温度下降不多，可直接焊下一个焊点。如烙铁头接触焊点时间过长，焊盘就容易损坏，所以焊接的时间一定要短，一般以 2～3s 为宜。

② 钎料与助焊剂要适量。焊接点上的钎料与助焊剂要适量，钎料以包着引线灌满焊盘为宜。PCB 的焊盘带有助焊剂，连同焊锡丝中的助焊剂已足够焊接使用。如果再多用助焊剂，则会造成助焊剂在焊接过程中不能充分挥发而影响焊接质量，增加清洗助焊剂残留物的工作量。

**3. 特殊元器件的焊接**

1）瓷介电容器的焊接。片状与管状瓷介电容器的引线是直接焊在电容器极片上的，焊接温度过高时，引线极易脱落。焊接此类电容器时，应注意不要使烙铁头接近电容器引线的根部，也可用平嘴钳或尖嘴钳夹着引线来散热。

2）小型中频变压器的焊接。小型中频变压器的引线是压铸在胶木体上的，内部线圈焊接在引线的一端，而引线的另一端需要焊接在 PCB 的相应焊盘上。它的引线比较集中，距离较近，金属罩内又有塑料骨架，焊接时若焊接点过热，就可能使内部线圈与引出线脱焊。金属罩的温度过高还会使内部塑料骨架变形损坏。所以焊接此类元器件时一定要严格掌握焊接时间和温度，也可用平嘴钳或尖嘴钳夹着引线来散热。

3）晶体管的焊接。在一般产品上焊接晶体管（特别是锗晶体管）时，也使用平嘴钳或尖嘴钳夹住引线散热，如图 2-3-17 所示。

图 2-3-17 焊接中利用尖嘴钳散热

**4. 万能电路板的焊接技巧**

万能电路板是一种按照标准 IC 间距（2.54mm）布满焊盘、可按自己的意愿插装元器件及连线的 PCB，俗称"万能电路板"，如图 2-3-18 所示。相比专业的 PCB，万能电路板具有以下优势：使用门槛低、成本低廉、使用方便、扩展灵活。在学生电子设计竞赛中，作品通常需要在几天时间内争分夺秒地完成，所以大多使用万能电路板。

（1）万能电路板的保养和维护 万能电路板的焊盘是裸露的铜，呈金黄色，平时应该用报纸包好保存以防止焊盘氧化。万一焊盘氧化了（焊盘失去光泽、不好上锡），可以用棉棒蘸酒精清洗或用橡皮擦拭。

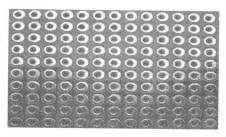

图 2-3-18　万能电路板

（2）焊接前的准备　在焊接万能电路板之前需要准备足够的细导线（见图 2-3-19），用于走线。细导线分为单股的和多股的（见图 2-1-20）：单股硬导线可将其弯折成固定形状，剥皮之后还可以当作跳线使用；多股细导线质地柔软，焊接后显得较为杂乱。

图 2-3-19　细导线

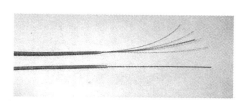

图 2-3-20　多股和单股细导线

万能电路板具有焊盘紧密等特点，这就要求烙铁头有较高的精度，建议使用功率为 30W 左右的尖头电烙铁。同样，焊锡丝也不能太粗，建议选择线径为 0.5~0.6mm 的。

（3）万能电路板的焊接方法　对于元器件在万能电路板上的布局，大多数人习惯"顺藤摸瓜"，就是以芯片等关键器件为中心，其他元器件见缝插针的方法。这种方法是边焊接边规划，无序中体现着有序，效率较高。但由于初学者缺乏经验，所以不太适合用这种方法，初学者可以先在纸上做好初步的布局，然后用铅笔画到万能电路板正面（元器件面），继而也可以将走线也规划出来，方便自己焊接。

万能电路板的焊接方法，一般是利用前面提到的细导线进行飞线连接。飞线连接没有太多的技巧，但应尽量做到水平和竖直走线，整洁清晰（见图 2-3-21）。目前流行的一种方法叫锡接走线法，如图 2-3-22 所示，工艺不错，性能也稳定，但比较浪费钎料。纯粹的锡接走线难度较高，受到焊锡丝、个人焊接工艺等各方面的影响。如果先拉一根细铜丝，再随着细铜丝进行拖焊，则简单许多。万能电路板的焊接方法是很灵活的，因人而异，找到适合自己的方法即可。

图 2-3-21　常用的飞线连接法

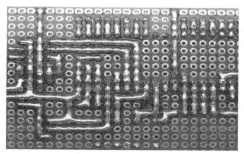

图 2-3-22　锡接走线法

（4）万能电路板的焊接技巧　很多初学者焊的板子很不稳定，容易短路或断路。除了布局不够合理和焊工不良等因素外，缺乏技巧是造成这些问题的重要原因之一。掌握一些技巧可以使电路反映到实物硬件的复杂程度大大降低，减少飞线的数量，让电路更加稳定。

1）初步确定电源、地线的布局。电源贯穿电路始终，合理的电源布局对简化电路起到十分关键的作用，所以需要对电源线、地线的布局进行初步的规划。

2）善于利用元器件的引脚。万能电路板的焊接需要大量的跨接、跳线等，不要急于剪断元器件多余的引线，有时候直接跨接到周围待连接的元器件引线上会事半功倍。另外，出于节约材料的目的，可以把剪断的元器件引脚收集起来作为跳线用材料。

3）善于设置跳线。特别要强调这一点，多设置跳线不仅可以简化连线，而且要美观得多，如图 2-3-23。

4）充分利用板上的空间。在芯片座里面隐藏元器件，既美观又能保护元器件（见图 2-3-24）。

图 2-3-23　多使用跳线

图 2-3-24　芯片座内隐藏元件

（5）实物图　万能电路板焊接实物如图 2-3-25 所示。

a) 正面

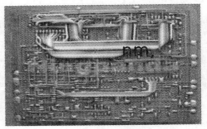

b) 反面(一)

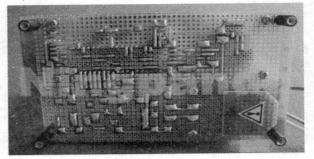

c) 反面(二)

图 2-3-25　万能电路板焊接实物

## 任务评价

印制电路板的手工焊接任务评价表见表2-3-5。

表2-3-5 印制电路板的手工焊接任务评价表

| 序号 | 项目 | 配分 | 评价要点 | 自评 | 互评 | 教师评价 |
|---|---|---|---|---|---|---|
| 1 | 电阻器并联 | 20 | 每个焊点1分 | | | |
| 2 | 电阻器串联 | 20 | 每个焊点1分 | | | |
| 3 | 电容器 | 10 | 每个焊点1分 | | | |
| 4 | 细导线 | 10 | 每个焊点1分 | | | |
| 5 | 元器件引线成型 | 20 | 每个元器件1分 | | | |
| 6 | 元器件插装 | 20 | 每个元器件1分 | | | |
| 材料、工具、仪表 | | | 每损坏或者丢失一样扣10分 | | | |
| | | | 材料、工具、仪表没有放整齐扣10分 | | | |
| 环境保护意识 | | | 每乱丢一项废品扣10分 | | | |
| 节能意识 | | | 用完电烙铁后不拔电源扣10分 | | | |
| 安全文明操作 | | | 违反安全文明操作（视其情况进行扣分） | | | |
| 额定时间 | | | 每超过5min扣5分 | | | |
| 开始时间 | | 结束时间 | | 实际时间 | | 成绩 |
| 综合评议意见（教师） | | | | | | |
| 评议教师 | | | 日期 | | | |
| 自评学生 | | | 互评学生 | | | |

# 任务四 模拟电码器的制作

## 任务目标

**知识目标**

1）懂得正确识别电阻器的参数。

2）正确掌握电阻器、发光二极管、开关、蜂鸣器测试方法及参数检验标准。

3）能做好检测记录。

**技能目标**

1）能正确使用工具进行模拟电码器的制作。

2）能对元器件引线和导线加工成型。

3）能正确插装接插式元器件。

4）能熟练掌握手工焊接的步骤，方法正确，操作规范。

**情感目标**

培养安全操作、爱护设备、爱岗敬业的意识，使学生具备高度的责任心。

### 任务描述

用万能电路板安装模拟电码器，当按下电键时，发光二极管会发光指示，同时蜂鸣器会发出频率为1kHz的音频声。

模拟电码器工作原理：图2-4-1是模拟电码器的电路，在这个电路中蜂鸣器是主要元件，它的内部已经安装了电子发生电路，故一通电，电路就会发出声响。按下电键时间稍长，发出"嗒"声；按下电键时间短促则发出"嘀"声。本任务通过制作模拟电码器学习用万能电路板安装电子电路的方法。

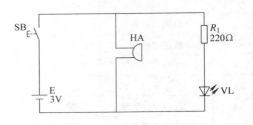

图2-4-1 模拟电码器电路

### 任务实施

请根据任务要求，确定所需要的检测仪器、工具、元器件，并对小组成员进行合理分工，制订详细的安装步骤和测试计划。

1）画出模拟电码器的安装图。

2）写出初步的安装方案。

3）小组人员分工。

4）写出最终的安装方案。

5）准备所需要的检测仪器、工具、元器件。

6）电路安装。①元器件检测；②元器件引线加工成型；③元器件插装；④焊接电阻器；⑤焊接开关；⑥焊接发光二极管；⑦焊接蜂鸣器；⑧焊接电源线。

7）电路测试：①通电情况；②测试发光二极管两端电压；③测试电阻器两端电压；④故障原因分析。

### 知识链接

**1. 蜂鸣器的介绍**

（1）蜂鸣器的作用 蜂鸣器是一种一体化结构的电子讯响器（见图2-4-2），采用直流电压供电，在计算机、打印机、复印机、报警器、电子玩具、汽车电子设备、电话机、定时器等电子产品中被广泛用作发声器件。

图2-4-2 蜂鸣器

（2）蜂鸣器的分类　蜂鸣器主要分为压电式蜂鸣器和电磁式蜂鸣器两种类型。

（3）蜂鸣器的电路符号　蜂鸣器的电路符号如图2-4-3所示。蜂鸣器在电路中用字母 HA 表示。

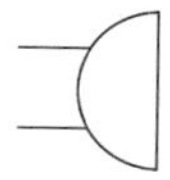

图 2-4-3　蜂鸣器的
电路符号

**2. 蜂鸣器的结构原理**

（1）压电式蜂鸣器　压电式蜂鸣器主要由多谐振荡器、压电蜂鸣片、阻抗匹配器及共鸣箱、外壳等组成。有的压电式蜂鸣器的外壳上还装有发光二极管。

多谐振荡器由晶体管或集成电路构成。当接通电源后（1.5～15V 直流工作电压），多谐振荡器起振，输出 1.5～2.5kHz 的音频信号，阻抗匹配器推动压电蜂鸣片发声。

压电蜂鸣片由锆钛酸铅或铌镁酸铅压电陶瓷材料制成。在陶瓷片的两面镀上银电极，经极化和老化处理后，再与黄铜片或不锈钢片粘在一起。

（2）电磁式蜂鸣器　电磁式蜂鸣器由振荡器、电磁线圈、磁铁、振动膜片及外壳等组成。接通电源后，振荡器产生的音频信号电流通过电磁线圈，使电磁线圈产生磁场。振动膜片在电磁线圈和磁铁的相互作用下，周期性地振动发声。

（3）有源蜂鸣器与无源蜂鸣器　这里的"源"不是指电源。而是指振荡源。也就是说，有源蜂鸣器内部带振荡源，所以只要一通电就会发出声音；而无源内部不带振荡源，所以如果用直流信号无法令其发出声音，必须用 2～5kHz 的方波去驱动它。

有源蜂鸣器往往比无源的贵，就是因为里面多了一个振荡电路。

### 任务评价

模拟电码器的制作任务评价表见表2-4-1。

表 2-4-1　制作模拟电码器的制作任务评价表

| 类别 | 项目 | 配分 | 内容 | 自评 | 互评 | 老师评价 |
|------|------|------|------|------|------|----------|
| 专业能力 | 安全操作 | 5 | 1. 元器件的识别、检查 | | | |
| | | 10 | 2. 元器件布局合理、接线正确 | | | |
| | | 5 | 3. 制作过程中无元器件烧毁 | | | |
| | | 5 | 4. 仪器仪表使用正确 | | | |
| | 完成制作 | 10 | 1. 产品功能完整 | | | |
| | | 5 | 2. 解决任务书上的问题 | | | |
| | | 5 | 3. 展示说明 | | | |
| | | 5 | 4. 发现创新 | | | |
| | 效率 | 10 | 在规定的时间内完成学习产品，产品能正确完成相应的功能，外形美观 | | | |
| 方法能力和社会能力 | 分工合作与履职情况 | 5 | 1. 组长分工合理，每个组员都能明确自己的职责，组员之间配合默契 | | | |
| | | 5 | 2. 每个组员都能认真完成任务，并履行学习活动中的相关职责 | | | |
| | 纪律与卫生 | 15 | 按时到岗、遵守课堂纪律，各小组学习环境卫生保持良好 | | | |

（续）

| 类别 | 项目 | 配分 | 内容 | 自评 | 互评 | 老师评价 |
|------|------|------|------|------|------|----------|
| 方法能力和社会能力 | 安全及7S管理 | 10 | 着工装、标志牌，遵守安全操作规程，符合7S管理的要求 | | | |
| | 礼仪 | 5 | 着装整齐清洁，仪容仪表规范，问候、回答问题及作品展示自然、大方、礼貌 | | | |

| 开始时间 | | 结束时间 | | 实际时间 | | 成绩 | |
|----------|--|----------|--|----------|--|------|--|
| 评价意见（教师） | | | | | | | |
| 自评学生 | | 日期 | | 互评学生 | | | |

## 思考与练习

### 一、填空题

1. 手工焊接五步法分别是_____、_____、_____、_____、_____。

2. 助焊剂的主要作用是_____。

3. 一般每个焊点一次的焊接时间最长不能超过_____ s。

4 元器件在PCB上的安装分为直立式安装和卧式安装，其中_____安装适用于机器内部面积比较小，但要有一定高度的场合。

### 二、单项选择题

1. 元器件的安装固定方式有直立式安装和（　　）两种。

A. 卧式安装　　　　　B. 并排式安装　　　　　C. 跨式安装　　　　　D. 躺式安装

2. 焊盘的形状有（　　）、圆形和方形焊盘。

A. 椭圆形　　　　　　B. 空心形　　　　　　　C. 梅花形　　　　　　D. 岛形

3. 题图2-1-1中电烙铁的握法正确的是（　　）。

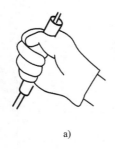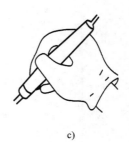

a)　　　　　　　　　　　　b)　　　　　　　　　　　　c)

题图　2-1-1

4. 下列各项不是PCB主要组成的为（　　）

A. 各种元器件　　　　B. 绝缘基板　　　　　　C. 印制导线　　　　　D. 焊盘

5. 修整过的烙铁头应该立即镀锡，方法是（　　）；

A. 接通电烙铁的电源，待热后，在烙铁头上沾上锡；将烙铁头装好后，在松香水中浸一下，烙铁头上均匀镀上一层锡

B. 将烙铁头装好后，在松香水中浸一下；接通电烙铁的电源，待热后，在烙铁头上沾上锡；烙铁头上均匀镀上一层锡

C. 将烙铁头装好后，在松香水中浸一下；烙铁头上均匀镀上一层锡，接通电烙铁的电源，待热后，在烙铁头上沾上锡

6. 在焊接元器件的过程中，应该以（      ）角方向迅速移开电烙铁。

A. 45°                B. 60°                C. 90°                D. 180°

### 三、判断题

1. 引线孔及其周围的铜箔称为焊盘。                                    （      ）

2. 实验证明，导线之间的距离在 1.5mm 时，其绝缘电阻超过 10MΩ，允许的工作电压可达到 600V 以上。                              （      ）

3. 松香很容易溶于酒精、丙酮等溶剂。                                  （      ）

4. 调温式电烙铁有自动和手动调温的两种。                              （      ）

5. 为了防止引脚焊接时大量的热量被传递，可以在怕热元器件的引线上套上管。

（      ）

### 四、简答题

1. 在焊接工艺中，为什么要使用清洗剂和助焊剂？

2. 选用电烙铁应考虑哪几个方面的问题？焊接晶体管、集成电路一般选用功率多大的电烙铁为好？

3. 焊接的基本要求是什么？如何从外观目测判别焊点的质量？

4. 什么叫虚焊？虚焊是如何造成的？

5. 焊接前应进行哪些准备工作？为什么要镀锡？

6. 使用电烙铁时的注意事项有哪些？

7. 导线加工的工序有哪些？

8. 元器件插装的要求有哪些？

# 项目三　简单电子产品的安装与调试

电子产品的安装技术是指根据设计文件和工艺规程的要求，将电子元器件按一定的规律、秩序插装到印制电路板（PCB）上，并用锡焊或紧固件等方式将其固定的装配过程。电子产品安装是电子产品生产构成中极其重要的环节，安装质量的好坏，决定了产品的性能和可靠性。这就要求电子产品制作人员具备一定的电子产品的质量控制方面的基本知识。

电子产品安装完成以后的调试，通常是电子产品制作的最后一步。调试时，不仅要将产品性能调整到设计的要求，对于某些设计时没有考虑到的问题或缺陷也要在调试中进行处理或补救。因此，只有按正确的步骤与方法进行调试才能保证完成上述任务。

## 任务一　声控 LED 旋律灯的安装与调试

 任务目标

**知识目标**

1）学会通过各种渠道收集与手工制作电路板和制作小型电子产品有关的必备专业知识和信息。

2）能通过电路原理图和 PCB 图的对比，识读电路图。

3）学会 PCB 的手工制作方法。

4）能识别驻极体传声器及其检测，知道声音转换为电信号的原理。

**技能目标**

1）能够从元器件的选取、检测、安装到调试独立完成声控 LED 旋律灯的制作任务。

2）会使用相关的仪器设备和工具对声控 LED 旋律灯进行调试。

**情感目标**

培养严格执行工作程序、工作规范、工艺文件和安全操作规程的习惯。

 任务描述

以声控 LED 旋律灯为载体来完成本任务。

本着先易后难的原则，本任务电路简单、元器件较少，调试也很简单，因此只提供声控 LED 旋律灯的电路图、元器件清单。学生要完成元器件的识别与检测，并按标准焊接工艺把全部电子元器件焊接到 PCB 上，最后通电检测，完成声控 LED 旋律灯。

声控 LED 旋律灯制作成功后，5 只 LED 会随着音乐或是其他声音的节奏闪烁起来，可放置于音响附近，让灯光为音乐伴舞！

**1. 电路功能**

声控 LED 旋律灯主要由电源电路、传声器、LED 发光电路组成。电源由 $J_1$ 输入，$C_1$ 滤波供电路使用。$MK_1$ 将声音信号转化为电信号，经 $C_2$ 耦合到 $VT_2$ 放大，放大后的信号送到 $VT_1$ 基极，由 $VT_1$ 驱动 5 只 LED 发光，声响越大，LED 越亮。

**2. 元器件清单**

主要元器件清单见表 3-1-1。

表 3-1-1　主要元器件清单

| 序号 | 名称 | 型号/规格 | 代号 | 序号 | 名称 | 型号/规格 | 代号 |
|---|---|---|---|---|---|---|---|
| 1 | 电阻器 | 4.7kΩ | $R_1$ | 6 | LED | 红色 φ5mm | $VL_1 \sim VL_5$ |
| 2 | 电阻器 | 10kΩ | $R_3$ | 7 | 晶体管 | 9014 | $VT_1$、$VT_2$ |
| 3 | 电阻器 | 1MΩ | $R_2$ | 8 | 驻极体传声器 | MIC | $MK_1$ |
| 4 | 电容器 | 1μF | $C_2$ | 9 | 接线端 | XH2.54 2P | $J_1$ |
| 5 | 电容器 | 47μF | $C_1$ | 10 | 电源线 | XH2.54 单头 | |

注意：驻极体传声器 $MK_1$ 有正、负之分，与铝壳相连的一端为负极。电源极性按 PCB 上标示的极性为准。

**3. 电路图**

1）声控 LED 旋律灯的电路原理如图 3-1-1 所示。

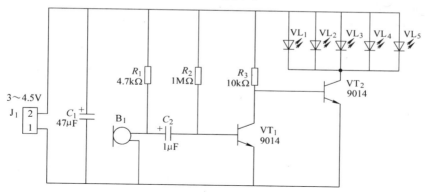

图 3-1-1　声控 LED 旋律灯的电路原理

2）声控 LED 旋律灯的 PCB 图如图 3-1-2 所示。

3）声控 LED 旋律灯元器件的布局如图 3-1-3 所示。

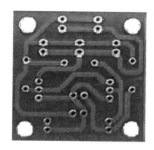

图 3-1-2　声控 LED 旋律灯的 PCB 图

图 3-1-3　声控 LED 旋律灯元器件的布局

4）声控 LED 旋律灯的材料如图 3-1-4 所示。

5）声控 LED 旋律灯的外观如图 3-1-5 所示。

图 3-1-4  声控 LED 旋律灯的材料

图 3-1-5  声控 LED 旋律灯的外观

任务完成后需要提交的成果：声控 LED 旋律灯的实物作品和工作报告。

## 任务实施

请根据任务要求，确定所需要的检测仪器、工具、元器件，并对小组成员进行合理分工，制订详细的安装步骤和测试计划。

1）画出声控 LED 旋律灯的安装图。

2）写出初步的安装方案。

3）写出最终的安装方案。

4）小组人员分工。

5）准备所需要的检测仪器、工具、元器件。

6）电路安装：①检测元器件；②元器件引线的加工成型；③插装元器件；④安装电阻器；⑤安装电容器；⑥安装晶体管；⑦安装 LED；⑧安装驻极体传声器；⑨安装接线端和电源线。

电解电容器的两个引脚长度是不一样的，较长的一端是它的正极；也可以从柱体上的印刷标志来区分，一般在负极对应的一侧标有 " – " 号。

7）电路检验：①在声控 LED 旋律灯旁边放音乐，观察 5 只 LED 是否会随着音乐或是其他声音的节奏闪烁；②用万用表直流电压挡测试 $VL_1 \sim VL_5$ 的电压，记入表 3-1-2 中；③万用表直流电压挡测试 $VT_1$、$VT_2$ 的 $U_{BE}$，记入表 3-1-2 中。

表 3-1-2  电路检验

| | $VL_1$ | $VL_2$ | $VL_3$ | $VL_4$ | $VL_5$ | $VT_1$ | $VT_2$ |
|---|---|---|---|---|---|---|---|
| 电压值/V | | | | | | | |

## 知识链接

驻极体传声器是一种声 – 电转换器件，其主要特点是体积小、结构简单、频响宽、灵敏度高、耐振动、价格便宜。

驻极体传声器是目前最常用的传声器之一，在各种传声、声控和通信设备（如无线传声器、盒式录音机、声控电灯开关、电话机、手机、多媒体计算机等）中应用非常普遍。

常用驻极体传声器的外形分机装型（即内置式）和外置型两种。机装型驻极体传声器适合于在各种电子设备内部安装使用，其外形如图3-1-6a所示。常见的机装型驻极体传声器形状多为圆柱形，引脚电极数分两端式和三端式两种，引脚形式有可直接在PCB上插焊的直插式、带软屏蔽电线的引线式和不带引线的焊脚式3种。如按体积大小分类，有普通型和微型两种。微型驻极体传声器已被广泛应用于各种微型录音机、微型数码摄像机、手机等电子产品中。

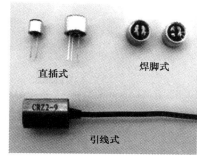

a) 机装型

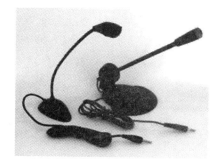

b) 外置型

图3-1-6 驻极体传声器实物外形

除了机装型驻极体传声器外，将机装型驻极体传声器装入各式各样的带有座架或夹子的外壳里，并接上带有2芯或3芯插头的屏蔽电线（有的还接了开关），就做成了我们经常见到的形形色色、可方便移动的外置型驻极体传声器，其外形如图3-1-6b所示。

驻极体传声器的引脚识别方法很简单，无论是直插式、引线式或焊脚式，其底面一般均是PCB，如图3-1-7所示。对于PCB上面有两部分敷铜的驻极体传声器，与金属外壳相通的敷铜应为接地端，另一敷铜则为电源/信号输出端。对于PCB上面有3部分敷铜的驻极体传声器，除了与金属外壳相通的敷铜

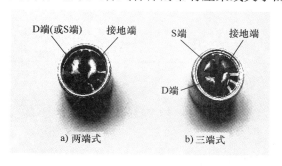

a) 两端式　　　　b) 三端式

图3-1-7 驻极体传声器的引脚识别

仍然为接地端外，其余两部分敷铜分别为S端和D端。有时引线式传声器的PCB被封装在外壳内部无法看到（如国产CRZ2-9B型），这时可通过引线来识别：屏蔽线为接地端，屏蔽线中间的2根芯线分别为D端（红色线）和S端（蓝色线）。如果只有一根芯线（如国产CRZ2-9型），则该引线肯定为电源/信号输出端。

## ⚙ 任务评价

声控LED旋律灯的安装与调试任务评价表见表3-1-3。

表 3-1-3　声控 LED 旋律灯的安装与调试任务评价表

| 类别 | 项目 | 配分 | 内容 | 自评 | 互评 | 老师评价 |
|------|------|------|------|------|------|----------|
| 专业能力 | 安全操作 | 5 | 1. 元器件的识别、检查 | | | |
| | | 10 | 2. 元器件布局合理、接线正确 | | | |
| | | 5 | 3. 制作过程中无元器件烧毁 | | | |
| | | 5 | 4. 仪器仪表使用正确 | | | |
| | 完成制作 | 10 | 1. 产品功能完整 | | | |
| | | 5 | 2. 解决任务书上的问题 | | | |
| | | 5 | 3. 展示说明 | | | |
| | | 5 | 4. 发现创新 | | | |
| | 效率 | 10 | 在规定的时间内完成学习产品，产品能正确完成相应的功能，外形美观 | | | |
| 方法能力和社会能力 | 分工合作与履职情况 | 5 | 1. 组长分工合理，每个组员都能明确自己的职责，组员之间配合默契 | | | |
| | | 5 | 2. 每个组员都能认真完成任务，并履行学习活动中的相关职责 | | | |
| | 纪律与卫生 | 15 | 按时到岗、遵守课堂纪律，各小组学习环境卫生保持良好 | | | |
| | 安全及 7S 管理 | 10 | 着工装、标志牌，遵守安全操作规程，符合 7S 管理的要求 | | | |
| | 礼仪 | 5 | 着装整齐清洁，仪容仪表规范，问候、回答问题及作品展示自然、大方、礼貌 | | | |

| 开始时间 | | 结束时间 | | 实际时间 | | 成绩 | |
|----------|--|----------|--|----------|--|------|--|
| 评价意见（教师） | | | | | | | |
| 自评学生 | | 日期 | | 互评学生 | | | |

# 任务二　电子迎宾器的安装与调试

**知识目标**

1）通过各种渠道收集与手工制作电路板和制作小型电子产品有关的必备专业知识和信息。

2）能通过电路原理图和 PCB 图的对比，识读电路图。

3）学会 PCB 的手工制作方法。

4）知道光敏电阻器的特性。

**技能目标**

1）能够从元器件的选取、检测、安装到调试独立完成电子迎宾器的制作任务。

2）会使用相关的仪器设备和工具对电子迎宾器进行调试。

3）会检测光敏电阻器性能优劣。

**情感目标**

培养工作认真负责，团结协作，爱护设备及工具的习惯。

### 任务描述

以电子迎宾器为载体来完成本任务。

现在许多商场或一些品牌专卖店里，经常会在门口安排迎宾人员，让顾客获得宾至如归的亲切感。随着电子技术的发展，一种用纯电子技术来实现这一功能的电子迎宾器便产生了。

电子迎宾器是一种利用人走过迎宾器时会产生一个阴影的特点，通过光敏电阻器对光线变化信号的接收产生反应的电子产品。

**1. 电路功能**

电子迎宾器采用电池供电，通电后系统进入等待状态，电路如图3-2-1所示。当有人经过感光器件时，由于人的身体会挡住光线，若原来有一定的光线照射在光敏电阻 $RL_1$ 上，则 $RL_1$ 表现出一个电阻值，当人体挡住一部分照射于光敏电阻器的光线时，光敏电阻器接收到的光线强度发生变化，这个变化经 $C_2$ 耦合，经 $VT_1$ 等组成的高增益放大后，输入 $IC_1$ 的反相输入端。这个信号与同相输入端输入的信号在 $IC_1$ 内部经运算放大处理后，形成一个控制信号，驱动 $IC_1$ 内部的音频发生电路工作，发出"您好，欢迎光临！"的音频信号，经 $BL_1$ 完成电声转换，使人耳能听到这句问候语。

**2. 主要元器件清单**

主要元器件清单见表3-2-1。

表 3-2-1　主要元器件清单

| 序号 | 名称 | 型号/规格 | 代号/数量 | 序号 | 名称 | 型号/规格 | 代号/数量 |
|------|------|-----------|-----------|------|------|-----------|-----------|
| 1 | IC | T8735 | IC/1 只 | 11 | 正极弹片 | | 1 片 |
| 2 | 晶体管 | 9014 | $VT_2$/1 只 | 12 | 负极片 | | 1 片 |
| 3 | 晶体管 | 9013 | $VT_1$/1 只 | 13 | 导线 | | 6 根 |
| 4 | 电阻器 | 82kΩ | $R_3$/1 只 | 14 | 扬声器 | | BL/1 个 |
| 5 | 电阻器 | 20M | $R_2$/1 只 | 15 | 螺钉 | | 2 粒 |
| 6 | 电阻器 | 43kΩ | $R_1$/1 只 | 16 | 电池 | | 3 个 |
| 7 | 光敏电阻器 | 5～10kΩ | $R_2$/1 只 | 17 | 塑料片 | | 1 片 |
| 8 | 瓷介电容器 | 104 | $C_1$/1 只 | 18 | 光敏电阻筒 | | 1 个 |
| 9 | 瓷介电容器 | 103 | $C_2$/1 只 | 19 | 光敏电阻架 | | 1 个 |
| 10 | 电解电容器 | 1μF | $C_3$/1 只 | 20 | 前、后壳 | | 1 套 |

**3. 电路图**

1）电子迎宾器的电路原理如图3-2-1所示。

2）电子迎宾器PCB图如图3-2-2所示。

3）电子迎宾器元器件的布局如图3-2-3所示。

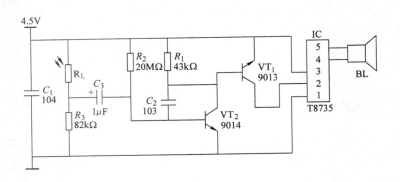

图 3-2-1　电子迎宾器的电路原理

图 3-2-2　电子迎宾器 PCB 图

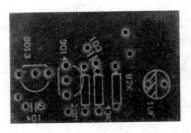

图 3-2-3　电子迎宾器元器件的布局

4）电子迎宾器的材料如图 3-2-4 所示。

5）电子迎宾器的外观如图 3-2-5 所示。

图 3-2-4　电子迎宾器的材料

图 3-2-5　电子迎宾器的外观

任务完成后需要提交的成果：电子迎宾器的实物作品和工作报告。

 任务实施

请根据任务要求，确定所需要的检测仪器、工具、元器件，并对小组成员进行合理分工，制订详细的安装步骤和测试计划。

1）画出电子迎宾器的安装图。

2）写出初步的安装方案。

3）写出最终的安装方案。

4）小组人员分工。

5）准备所需要的检测仪器、工具、元器件。

6）电路安装：①检测元器件；②元器件引线的加工成型；③插装元器件；④安装电阻器；⑤安装电容器；⑥安装晶体管；⑦安装光敏电阻器；⑧安装扬声器和电池夹。

电解电容器引脚极性的判别可参考本项目任务一。

7）电路检验：①遮住照射到光敏电阻器的光线，观察电子迎宾器是否发出声音；用万用表直流电压挡测试 $VT_1$、$VT_2$ 的 $U_{BE}$ 电压，记入表3-2-2中。

表3-2-2　电路检验

| | $VT_1$ | $VT_2$ |
|---|---|---|
| $U_{BE}/V$ | | |

## 知识链接

### 1. 光敏电阻

光敏电阻器是利用半导体的光电导效应制成的一种电阻值随入射光的强弱而改变的电阻器。入射光强，电阻减小；入射光弱，电阻增大。还有另一种入射光弱，电阻减小，入射光强，电阻增大。

### 2. 光敏电阻器的结构和符号

光敏电阻器一般都制成薄片结构，以便吸收更多的光能。光敏电阻器通常由光敏层、玻璃基片（或树脂防潮膜）和电极等组成。光敏电阻器在电路中用字母 RL 表示，其符号如图3-2-6所示。

图3-2-6　光敏电阻器的外形及其在电路中的符号

### 3. 光敏电阻器的作用

光敏电阻器一般用于光的测量、控制和光电转换（将光的变化转换为电的变化）。常用的光敏电阻器为硫化镉光敏电阻器，它是由半导体材料制成的。光敏电阻器对光的敏感性（即光谱特性）与人眼对可见光（0.4~0.76μm）的响应很接近，只要人眼可感受的光，都会引起它的阻值变化。设计光控电路时，一般都用白炽灯泡（小电珠）光线或自然光线作为控制光源，使设计大为简化。

## 任务评价

电子迎宾器的安装与调试任务评价表见表3-2-3。

表 3-2-3　电子迎宾器的安装与调试任务评价表

| 类别 | 项目 | 配分 | 内容 | 自评 | 互评 | 老师评价 |
|---|---|---|---|---|---|---|
| 专业能力 | 安全操作 | 5<br>10<br>5<br>5 | 1. 元器件的识别、检查<br>2. 元器件布局合理、接线正确<br>3. 制作过程中无元器件烧毁<br>4. 仪器仪表使用正确 | | | |
| | 完成制作 | 10<br>5<br>5<br>5 | 1. 产品功能完整<br>2. 解决任务书上的问题<br>3. 展示说明<br>4. 发现创新 | | | |
| | 效率 | 10 | 在规定的时间内完成学习产品，产品能正确完成相应的功能，外形美观 | | | |
| 方法能力和社会能力 | 分工合作与履职情况 | 5<br>5 | 1. 组长分工合理，每个组员都能明确自己的职责，组员之间配合默契<br>2. 每个组员都能认真完成任务，并履行学习活动中的相关职责 | | | |
| | 纪律与卫生 | 15 | 按时到岗、遵守课堂纪律，各小组学习环境卫生保持良好 | | | |
| | 安全及 7S 管理 | 10 | 着工装、标志牌，遵守安全操作规程，符合 7S 管理的要求 | | | |
| | 礼仪 | 5 | 着装整齐清洁，仪容仪表规范，问候、回答问题及作品展示自然、大方、礼貌 | | | |
| 开始时间 | | | 结束时间 | 实际时间 | | 成绩 |
| 评价意见（教师） | | | | | | |
| 自评学生 | | | 日期 | 互评学生 | | |

# 任务三　充电台灯的安装与调试

## 任务目标

**知识目标**

1) 通过各种渠道收集与手工制作电路板和制作小型电子产品有关的必备专业知识和信息。

2) 能通过电路原理图和 PCB 图的对比，识读电路图。

3) 学会 PCB 的手工制作方法。

**技能目标**

1) 能够从元器件的选取、检测、安装到调试独立完成充电台灯的制作任务。

2) 会使用相关的仪器设备和工具对充电台灯进行调试。

**情感目标**

培养工作认真负责，团结协作，爱护设备及工具的习惯。

**任务描述**

以充电台灯为载体来完成本任务。

本着先易后难的原则,本任务比前面介绍的电路要稍复杂一些,安装和调试的难度也有所增加。本任务提供充电台灯的电路图、元器件清单。学生要完成元器件的识别与检测,并按标准焊接工艺把全部电子元器件焊接到 PCB 上,最后通电检测,完成充电台灯。本任务旨在使学生从电子产品的制作与调试的初学者逐步成为熟练者。

**1. 充电台灯简介**

安装一个充电台灯电路。要求电子产品的焊点大小适中,无漏焊、假焊、虚焊、连焊,焊点光滑、圆润、干净、无毛刺;引脚加工尺寸及成型符合工艺要求;导线长度、剥头长度符合工艺要求,芯线完好,捻头镀锡。

**2. 主要元器件清单**

主要元器件清单见表 3-3-1。

表 3-3-1　主要元器件清单

| 编号 | 名称 | 代号 | 参数 | 数量 | 编号 | 名称 | 数量 |
|------|------|------|------|------|------|------|------|
| 1 | 电阻器 | $R_1$ | 470kΩ | 1 只 | 12 | 电池 | 1 个 |
| 2 | 电阻器 | $R_2$ | 180kΩ | 1 只 | 13 | 插头 | 1 个 |
| 3 | 电阻器 | $R_3$ | 2.2Ω | 1 只 | 14 | 插头座 | 1 个 |
| 4 | 二极管 | $VD_1 \sim VD_4$ | 4007 | 4 只 | 15 | 按键 | 1 个 |
| 5 | 发光二极管 | $VL_8$ | 3mm | 1 只 | 16 | 金属软管 | 1 根 |
| 6 | 发光二极管 | $VL_1 \sim VL_7$ | 5mm | 7 只 | 17 | 反光杯 | 1 个 |
| 7 | 电容器 | $C_1$ | 684 | 1 只 | 18 | 灯头固定件 | 1 个 |
| 8 | 开关 | S | 6 脚 | 1 个 | 19 | 螺钉 | 6 粒 |
| 9 | 导线 | | 300mm | 2 根 | 20 | 充电台灯 PCB | 1 块 |
| 10 | 导线 | | 50mm | 2 根 | 21 | 灯头 PCB | 1 块 |
| 11 | 导线 | | 40mm | 2 根 | 22 | 前、后盖 | 各 1 个 |

**3. 电路图**

1)充电台灯电路原理如图 3-3-1 所示。

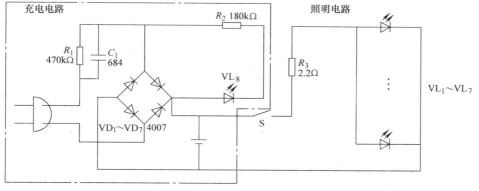

图 3-3-1　充电台灯电路原理

2)充电电路的 PCB 图如图 3-3-2 所示。

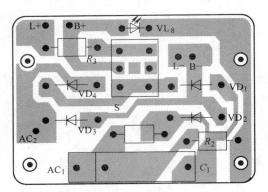

图 3-3-2　充电电路的 PCB 图

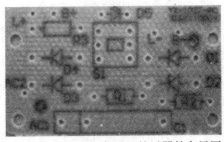

图 3-3-3　充电电路 PCB 的元器件布局图

3）充电电路 PCB 的元器件布局图如图 3-3-3 所示。

4）灯头电路的 PCB 图如图 3-3-4 所示。

5）灯头电路 PCB 的元器件布局图如图 3-3-5 所示。

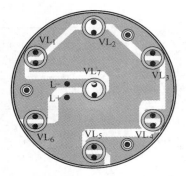

图 3-3-4　灯头电路的 PCB 图

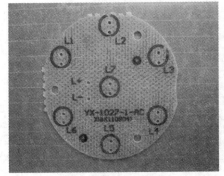

图 3-3-5　灯头电路 PCB 的元器件布局图

6）充电台灯的材料如图 3-3-6 所示。

7）充电台灯的外观如图 3-3-7 所示。

图 3-3-6　充电台灯的材料

图 3-3-7　充电台灯的外观

任务完成后需要提交的成果：充电台灯的实物作品和工作报告。

## 任务实施

请根据任务要求，确定所需要的检测仪器、工具、元器件，并对小组成员进行合理分工，制订详细的安装步骤和测试计划。

1）画出充电台灯电路的安装图。

2）写出初步的安装方案。

3）写出最终的安装方案。

4）小组人员分工。

5）准备所需要的检测仪器、工具、元器件。

6）电路安装：①检测元器件；②安装电阻器；③安装电容器；④安装二极管；⑤安装开关；⑥安装按键；⑦安装电池和插头座；⑧安装发光二极管；⑨安装导线和金属软管、反光杯。

7）电路调试：安装完成后，先不要插市电试验，防止安装错误导致烧毁台灯。先检查LED能否全部发光。如果能发光说明照明电路没有问题。待外壳安装完毕方可接220V检验是否充电正常。充电指示灯亮说明充电电路没有问题；如果不亮，检查指示灯正、负极是否装反，二极管是否装反，有无虚焊等。

充电台灯调试成功后，充电不得超过8h。

## 知识链接

**1. 识图的基本知识**

1）熟悉常用电子元器件的图形符号，掌握这些元器件的性能、特点和用途。

2）熟悉并掌握一些基本单元电路的构成、特点、工作原理及各元器件的作用。

3）了解不同图样的不同功能，掌握识图的基本规律。

**2. 电路原理图和 PCB 图的功能及识读方法**

（1）电路原理图　电路原理图是详细说明电子元器件相互之间、电子元器件与单元电路之间、产品组件之间的连接关系，以及电路各部分电气工作原理的图样。

识读方法：先了解电子产品的作用、特点、用途和有关的技术指标，结合电路原理图从上至下、从左至右，按信号流程，由信号输入端开始一个单元电路、一个单元电路地熟悉，一直到信号的输出端。

（2）PCB 图　PCB 图是用来表示各种元器件在实际 PCB 上的具体方位、大小以及各元器件与 PCB 的连接关系的图样。

（3）识读方法

1）先读懂与之对应的电路原理图，找出原理图中基本构成电路的关键元器件。

2）在 PCB 图中找出接地端。

3）据 PCB 图的读图方向，结合电路的关键元器件在电路中的位置关系及与接地端的关系，逐步完成 PCB 图的识读。

**任务评价**

充电台灯的安装与调试任务评价表见表3-3-2。

表3-3-2　充电台灯的安装与调试任务评价表

| 类别 | 项目 | 配分 | 内容 | 自评 | 互评 | 老师评价 |
|---|---|---|---|---|---|---|
| 专业能力 | 安全操作 | 5 | 1. 元器件的识别、检查 | | | |
| | | 10 | 2. 元器件布局合理、接线正确 | | | |
| | | 5 | 3. 制作过程中无元器件烧毁 | | | |
| | | 5 | 4. 仪器仪表使用正确 | | | |
| | 完成制作 | 10 | 1. 产品功能完整 | | | |
| | | 5 | 2. 解决任务书上的问题 | | | |
| | | 5 | 3. 展示说明 | | | |
| | | 5 | 4. 发现创新 | | | |
| | 效率 | 10 | 在规定的时间内完成学习产品，产品能正确完成相应的功能，外形美观 | | | |
| 方法能力和社会能力 | 分工合作与履职情况 | 5 | 1. 组长分工合理，每个组员都能明确自己的职责，组员之间配合默契 | | | |
| | | 5 | 2. 每个组员都能认真完成任务，并履行学习活动中的相关职责 | | | |
| | 纪律与卫生 | 15 | 按时到岗、遵守课堂纪律，各小组学习环境卫生保持良好 | | | |
| | 安全及7S管理 | 10 | 着工装、标志牌，遵守安全操作规程，符合7S管理的要求 | | | |
| | 礼仪 | 5 | 着装整齐清洁，仪容仪表规范，问候、回答问题及作品展示自然、大方、礼貌 | | | |
| 开始时间 | | | 结束时间 | | 实际时间 | 成绩 |
| 评价意见（教师） | | | | | | |
| 自评学生 | | | 日期 | | 互评学生 | |

# 任务四　调频无线传声器的安装与调试

**任务目标**

**知识目标**

1）通过各种渠道收集与手工制作PCB和制作小型电子产品有关的必备专业知识和信息。

2）能通过电路原理图和PCB图的对比，识读电路图。

3）学会PCB的手工制作方法。

**技能目标**

1）能够从元器件的选取、检测、安装到调试独立完成调频无线传声器的制作任务。

2）会使用相关的仪器设备和工具对调频无线传声器进行调试；

**情感目标**

培养工作认真负责，团结协作，爱护设备及工具的习惯。

## 任务目标

以调频无线传声器为载体来完成本任务。

制作一个调频无线传声器。利用该传声器可以在家里可以边走边唱卡拉 OK，还可以在大教室里辅助教师授课等。本调频无线传声器的传声距离可达 20～30m。

**1. 电路工作原理**

图 3-4-1 是无线传声器的电路原理。该电路主要由驻极体传声器和一只高频晶体管 9018 组成。晶体管 VT 和 $L$、$C_4$、$C_5$ 等外围元器件组成高频振荡电路。驻极体传声器 BM 将声音信号变成电信号，通过电解电容器 $C_1$ 耦合到 VT 的基极，对高频等幅振荡电压进行调制，经过调制的高频信号通过 $C_6$，由天线向外发射。$R_3$、$R_4$ 是 VT 的直流偏置电阻，$R_4$ 组成直流负反馈电路，使得 VT 的工作更加稳定。$L$ 和 $C_5$ 决定振荡频率，$f = 1/2\pi$，调整 $L$ 的匝数及间距可改变振荡频率。$R_1$ 为驻极体传声器的供电电阻。

**2. 主要元器件清单**

主要元器件清单见表 3-4-1。

表 3-4-1　主要元器件清单

| 序号 | 名称 | 型号/规格 | 代号 | 数量 | 序号 | 名称 | 型号/规格 | 代号 | 数量 |
|---|---|---|---|---|---|---|---|---|---|
| 1 | 晶体管 | 9018 | VT | 1 只 | 14 | 拨动开关 | | S | 1 个 |
| 2 | 驻极体传声器 | | BM | 1 个 | 15 | 发射天线 | | TX | 1 个 |
| 3 | 电阻器 | 1.5kΩ | $R_1$ | 1 只 | 16 | PCB | | | 1 块 |
| 4 | 电阻器 | 20kΩ | $R_2$、$R_3$ | 2 只 | 17 | 电池架 | | | 1 个 |
| 5 | 电阻器 | 51Ω | $R_4$ | 1 只 | 18 | 电池弹簧 | | | 1 个 |
| 6 | 电感器 | 0.5Ω | L | 1 只 | 19 | 电池极片 | | | 1 片 |
| 7 | 电容器 | 104 | $C_1$ | 1 只 | 20 | 螺钉 | | | 2 粒 |
| 8 | 电容器 | 102 | $C_2$ | 1 只 | 21 | 开关标牌 | | | 1 块 |
| 9 | 电容器 | 47pF | $C_3$ | 1 只 | 22 | 传声器手柄 | | | 1 个 |
| 10 | 电容器 | 10pF | $C_4$ | 1 只 | 23 | 网罩海绵 | | | 2 块 |
| 11 | 电容器 | 10pF | $C_5$ | 1 只 | 24 | 网罩架 | | | 1 个 |
| 12 | 电容器 | 5pF | $C_6$ | 1 只 | 25 | 线尾 | | | 1 个 |
| 13 | 电容器 | 24pF | $C_7$ | 1 只 | 26 | 导线 | | | 4 根 |

**3. 电路图**

1）调频无线传声器的电路原理如图 3-4-1 所示。

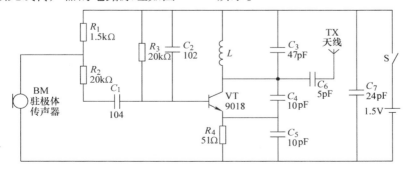

图 3-4-1　调频无线传声器的电路原理

2）调频无线传声器的 PCB 图如图 3-4-2 所示。

图 3-4-2　调频无线传声器的 PCB 图

3）调频无线传声器元器件的布局如图 3-4-3 所示。

图 3-4-3　调频无线传声器元器件的布局

4）调频无线传声器的材料如图 3-4-4 所示。

5）调频无线传声器的外观如图 3-4-5 所示。

图 3-4-4　调频无线传声器的材料

图 3-4-5　调频无线传声器的外观

任务完成后需要提交的成果：调频无线传声器的实物作品和工作报告。

## 任务实施

请根据任务要求，确定所需要的检测仪器、工具、元器件，并对小组成员进行合理分工，制订详细的安装步骤和测试计划。

1）画出调频无线传声器的安装图。

2）写出初步的安装方案。

3）写出最终的安装方案。

4）小组人员分工。

5）准备所需要的检测仪器、工具、元器件。

6）电路安装。在安装制作前，请用万用表筛选一下各个元器件的质量，有条件的话将各瓷片电容器用电容表测量一下电容量，这样就万无一失了。

安装的先后顺序是电感线圈、电阻器、电容器、高频晶体管、传声器和拨动开关、电池卡子。

将电阻器、电容器等元器件分类集中安装的目的是减少差错和防止元器件的丢失。请认真对照电路图来确定以上元器件的插装孔位。电阻器和电解电容器采用卧式安装，并靠近PCB。瓷介电容器采用立式安装，也需靠近PCB。

安装电感线圈时，首先刮除两个引出线表面上的绝缘漆，然后上好锡，插装时要贴近PCB并牢固焊接，如有虚焊，振荡会不稳定，工作也会不正常。

晶体管尽可能最后安装的目的是尽量减少焊接中静电、热量对管子的损害，插装时注意极性同时尽量贴近PCB。

驻极体传声器用两根导线焊接引出，焊接到电路时应注意极性，将焊好线的传声器固定在电池架上。电池正极片和负极簧都插装在电池夹的相应处，并用红色、黑色导线分别焊接在正极片和负极簧上，并引出焊接到PCB上。

7）电路调试。调频无线传声器的电源开关置于"关"的位置，将万用表置于10mA挡，两表笔接到电源开关的两端，可测量电路的总电流，如在10mA左右则电路基本正常，电流过大或过小（甚至为0）都不正常，应检查PCB上有无错焊、虚焊、短路等现象，及时予以排除。

打开收音机（置于FM段）和传声器开关S（置于ON处），然后手持传声器，一边对传声器讲话一边调收台旋钮（或选频键），直到收音机中传出自己的声音为止。如果在整个频段（即88~108MHz）仍收不到自己的声音，则仔细拨动振荡线圈L，拨动时只需拉开或缩小线圈每匝之间的距离，调整时应仔细。若调整线圈的松紧仍不奏效，则应将L拆焊下来增加一匝或者减少一匝（因电子元器件参数的影响），重新焊上后继续上述调整。

### 知识链接

浸焊是将插装好元器件的PCB在熔化的锡炉内浸锡，一次完成众多焊点焊接的方法。

**1. 手工浸焊**

手工浸焊是由人手持夹具夹住插装好的PCB，人工完成浸锡的方法，其操作过程如下：

1）加热锡炉，使锡炉中的锡温控制在250~280℃之间。

2）在PCB上涂一层（或浸一层）助焊剂。

3）用夹具夹住PCB浸入锡炉中，使焊盘表面与PCB接触，浸锡厚度以PCB厚度的1/2~2/3为宜，浸锡的时间为3~5s。

4）以PCB与锡面成5~10的角度使PCB离开锡面，略微冷却后检查焊接质量。如有较多的焊点未焊好，要重复浸锡一次，对只有个别不良焊点的板，可用手工补焊。注意经常刮去锡炉表面的锡渣，保持良好的焊接状态，以免因锡渣的产生而影响PCB的干净度及增加清洗工作量。

手工浸焊的特点：设备简单、投入少，但效率低，焊接质量与操作人员熟练程度有关，易出现漏焊，焊接有贴片的PCB较难取得良好的效果。

**2. 机器浸焊**

机器浸焊是用机器代替手工夹具夹住插装好的 PCB 进行浸焊的方法。当所焊接的 PCB 面积大、元器件多，无法靠手工夹具夹住浸焊时，可采用机器浸焊。

机器浸焊的过程为：PCB 在浸焊机内运行至锡炉上方时，锡炉做上、下运动或 PCB 做上、下运动，使 PCB 浸入锡炉钎料内，浸入深度为 PCB 厚度的 1/2 ~ 2/3，浸锡时间为 3 ~ 5s，然后 PCB 离开浸焊机，完成焊接。该方法主要用于电视机主板等面积较大的 PCB 焊接，以此代替高波峰机，减少锡渣量，并且板面受热均匀，变形相对较小。

**3. 手浸型锡炉**

在使用手浸型锡炉的过程中，如果不注意保养或错误操作，易造成冷焊、短路、假焊等各种问题。在此就手浸型锡炉的常见问题及相应对策简述如下：

（1）助焊剂的正确使用　助焊剂的质量好坏往往会直接影响焊接质量。另外，助焊剂的活性与浓度对焊接也会产生一定的影响。倘若助焊剂的活性太强或浓度太高，不但造成了助焊剂的浪费，在 PCB 第一次过锡时，会造成零件引脚上焊锡残留过多，同样会造成焊锡的浪费；若助焊剂调配得太稀，会产生 PCB 吃锡不好及焊接不良等情况。调配助焊剂时，一般先用助焊剂原样去试，然后逐步添加稀释剂，直至再添加稀释剂焊接效果会变差时，再稍稍添加稀释剂，然后再试直至效果最好时为止，这时用比重计测其相对质量密度，以后调配时可把握此值即可；另外，助焊剂在刚倒入助焊槽使用时，可不添加稀释剂，待工作一段时间其浓度略为升高时，再添加稀释剂调配。在工作过程中，因助焊剂往往离锡炉较近，易造成助焊剂中稀释剂的挥发，使助焊剂的浓度升高，所以应经常测量助焊剂的相对质量密度，并适时添加稀释剂调配。

（2）PCB 浸入助焊剂时不可太多，尽量避免 PCB 的板面触及助焊剂　正常操作应是：助焊剂浸及元器件引脚的 2/3 左右即可。因为助焊剂的相对质量密度较焊锡小许多，所以元器件引脚浸入锡液时，助焊剂会顺着元器件引脚往上推，直至 PCB 的板面。如果浸及助焊剂过多，不但会造成锡液上助焊剂对有残留污垢影响锡液的质量，而且会造成 PCB 的正、反面都有大量助焊剂残留。如果助焊剂的抗阻性能不够或遇潮湿环境极易造成导电现象，影响产品质量。

（3）浸锡时应注意操作姿势　尽量避免将 PCB 垂直浸入锡液，当 PCB 垂直浸入锡液面时，易造成"浮件"产生，另外容易产生"锡爆"（轻微时会有"扑扑"的声音，严重时会有锡液溅起，主要原因是 PCB 浸锡前未经预热，当 PCB 上元器件较为密集时，会有冷空气遇热迅速膨胀，从而产生锡爆现象）。正确操作应是将 PCB 与锡液表面呈 30°角浸入，当 PCB 与锡液接触时，慢慢向前推动 PCB，使 PCB 与液面呈垂直状态，然后以 30°角拉起。

（4）波峰炉由电动机带动，不断将锡液通过两层网的压力使其喷起，形成波峰　这样使锡铅合金始终处于良好的工作状态。而手动型锡炉属静态锡炉，因为锡铅的比例不同。长时间的液态静置会使锡铅分离，影响焊接效果。所以在使用过程中应经常搅动锡液（约每 2h 左右搅动一次即可），这样会使锡铅合金充分融合，保证焊接效果。

另外，在大量添加锡条时，锡液的局部温度会下降，应暂停工作，等锡炉温度回复正常后开始工作。最好能有温度计直接测量锡液的温度。因为有些锡炉长期使用已逐渐老化。

### 任务评价

调频无线传声器的安装与调试任务评价表见表 3-4-2。

表 3-4-2　调频无线传声器任务评价表

| 类别 | 项目 | 配分 | 内容 | 自评 | 互评 | 老师评价 |
|---|---|---|---|---|---|---|
| 专业能力 | 安全操作 | 5 | 1. 元器件的识别、检查 | | | |
| | | 10 | 2. 元器件布局合理、接线正确 | | | |
| | | 5 | 3. 制作过程中无元器件烧毁 | | | |
| | | 5 | 4. 仪器仪表使用正确 | | | |
| | 完成制作 | 10 | 1. 产品功能完整 | | | |
| | | 5 | 2. 解决任务书上的问题 | | | |
| | | 5 | 3. 展示说明 | | | |
| | | 5 | 4. 发现创新 | | | |
| | 效率 | 10 | 在规定的时间内完成学习产品，产品能正确完成相应的功能，外形美观 | | | |
| 方法能力和社会能力 | 分工合作与履职情况 | 5 | 1. 组长分工合理，每个组员都能明确自己的职责，组员之间配合默契 | | | |
| | | 5 | 2. 每个组员都能认真完成任务，并履行学习活动中的相关职责 | | | |
| | 纪律与卫生 | 15 | 按时到岗、遵守课堂纪律，各小组学习环境卫生保持良好 | | | |
| | 安全及 7S 管理 | 10 | 着工装、标志牌，遵守安全操作规程，符合 7S 管理的要求 | | | |
| | 礼仪 | 5 | 着装整齐清洁，仪容仪表规范，问候、回答问题及作品展示自然、大方、礼貌 | | | |

| 开始时间 | | 结束时间 | | 实际时间 | | 成绩 | |
|---|---|---|---|---|---|---|---|
| 评价意见（教师） | | | | | | | |
| 自评学生 | | 日期 | | 互评学生 | | | |

# 任务五　七彩手机万能充电器的安装与调试

### 任务目标

**知识目标**

1）通过各种渠道收集与手工制作 PCB 和制作小型电子产品有关的必备专业知识和信息。

2）能通过电路原理图和 PCB 图的对比，识读电路图。

3）学会 PCB 的手工制作方法。

**技能目标**

1）能够从元器件的选取、检测、安装到调试，独立完成七彩手机万能充电器的制作任务。

2）会使用相关的仪器设备和工具对七彩手机万能充电器进行调试。

**情感目标**

培养工作认真负责，团结协作，爱护设备及工具的习惯。

## 任务描述

以七彩手机万能充电器为载体来完成本任务。

本着先易后难的原则，本任务电路比较复杂，安装和调试的难度也有所增加。本任务提供七彩手机万能充电器的电路图、元器件清单。学生要完成元器件的识别与检测，并按标准焊接工艺把全部电子元器件焊接到 PCB 上，最后通电检测，完成七彩手机万能充电器。通过本任务的训练，使学生从电子产品的制作与调试的初学者逐步成为熟练者。

**1. 七彩手机万能充电器简介**

制作一个七彩手机万能充电器。制作成功后，适合为容量为 250～3000mA 的锂电池充电；充电时，七彩灯闪烁，指示灯的颜色依次变化，发出绚丽多彩的七彩光芒，饱和后熄灭；内设自动识别电路，可自动识别电池极性；输出电压为标准 4.2V，能自动调整输出电流，使电池达到最佳充电状态，可保护电池，延长电池的使用寿命。主要技术参数：输入为 AC220V、50Hz/60Hz，卡针处的输出为 DC4～4.2V，200±80mA，USB 接口处的输出为 DC5V，180±80mA。

**2. 七彩手机万能充电器电路工作原理**

七彩手机万能充电器的电路原理如图 3-5-1 所示，本电路由开关电源和充电电路两部分组成。

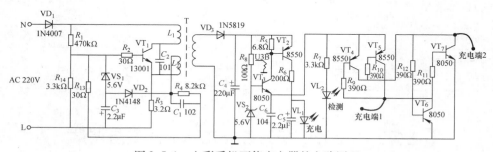

图 3-5-1　七彩手机万能充电器的电路原理

（1）开关电源　开关电源是一种利用开关功率器件并通过功率变换技术而制成的直流稳压电源，具有对电网电压及频率的变化适应性强等优点。本任务选用的是利用间歇振荡电路组成的开关电源，也是目前广泛使用的基本电源之一。

当接入电源后，通过整流二极管 VD$_1$、R$_1$ 给开关管 VT$_1$ 提供启动电流，使 VT$_1$ 开始导通，其集电极电流 I$_C$ 在 L$_1$ 中线性增长，在 L$_2$ 中感应出使 VT$_1$ 基极为正，发射极为负的正反馈电压，使 VT$_1$ 很快饱和。与此同时，感应电压给 C$_1$ 充电，随着 C$_1$ 充电电压的增高，

VT$_1$基极电位逐渐变低，致使 VT$_1$ 退出饱和区，$I_C$ 开始减小，在 $L_2$ 中感应出使 VT$_1$ 基极为负、发射极为正的电压，使 VT$_1$ 迅速截止，这时二极管 VD$_1$ 导通，高频变压器 T 一次绕组中的储能释放给负载。在 VT$_1$ 截止时，$L_2$ 中没有感应电压，直流供电输入电压又经 $R_1$ 给 $C_1$ 反向充电，逐渐提高 VT$_1$ 基极电位，使其重新导通，再次翻转达到饱和状态，电路就这样重复振荡下去。这里就像单端反激式开关电源那样，由变压器 T 的二次绕组向负载输出所需要的电压，在 $C_4$ 的两端获得9V 的直流电，供充电电路工作。

（2）充电电路　VT$_2$ 与 VL$_1$（七彩发光二极管）组成充电指示电路。$R_7$ 与 VL$_2$（红色发光二极管）组成电池好坏检测及电源通电指示电路。VT$_4$、VT$_5$、VT$_6$、VT$_7$ 组成自动识别电池极性的电路。当充电端1 接电池的正极，端2 接电池的负极时，充电回路是电源的正极、$Q_5$（发射极）、$Q_5$（集电极）、充电端1 接 +，$Q_7$（饱和）、充电端2 接 –；当充电端2 接电池的正极，充电端1 接电池的负极时，充电回路是电源的正极、$Q_4$（发射极）、$Q_4$（集电极）、充电端2 接 +、$Q_6$（饱和）、充电端1 接 –。如此，即可完成自动极性的识别，保证充电回路自动工作。

**3. 七彩手机万能充电器的 PCB 图**

七彩手机万能充电器的 PCB 图如图 3-5-2 所示。

**4. 七彩手机万能充电器元器件的布局**

七彩手机万能充电器元器件的布局如图 3-5-3 所示。

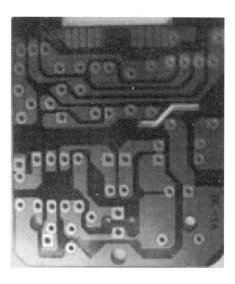

图 3-5-2　七彩手机万能充电器 PCB 图　　　　图 3-5-3　七彩手机万能充电器元器件的布局

**5. 七彩手机万能充电器的材料**

七彩手机万能充电器的材料如图 3-5-4 所示。

**6. 安装完成的七彩手机万能充电器 PCB**

安装完成的七彩手机万能充电器 PCB 如图 3-5-5 所示。

图 3-5-4　七彩手机万能充电器的材料

图 3-5-5　安装完成的七彩手机万能充电器 PCB

**7. 主要元器件清单**

主要元器件清单见表 3-5-1。

表 3-5-1　主要元器件清单

| 序号 | 名称 | 规格 | 用量 | 代号 | 备注 |
|---|---|---|---|---|---|
| 1 | 电阻器 | 8.2Ω 1/4W | 1 只 | $R_3$ | |
| 2 | 电阻器 | 6.8Ω 1/8W | 1 只 | $R_5$ | |
| 3 | 电阻器 | 30Ω 1/8W | 2 只 | $R_2$、$R_{13}$ | |
| 4 | 电阻器 | 200Ω 1/8W | 1 只 | $R_6$ | |
| 5 | 电阻器 | 100Ω 1/8W | 1 只 | $R_8$ | |
| 6 | 电阻器 | 3.3kΩ 1/8W | 2 只 | $R_{14}$、$R_7$ | |
| 7 | 电阻器 | 8.2kΩ 1/8W | 1 只 | $R_4$ | |
| 8 | 电阻器 | 470kΩ 1/8W | 1 只 | $R_1$ | |
| 9 | 电阻器 | 390Ω 1/8W | 4 只 | $R_9$、$R_{10}$、$R_{11}$、$R_{12}$ | |
| 10 | 二极管 | 1N4148 | 1 只 | $VD_2$ | |
| 11 | 二极管 | 1N4007 | 1 只 | $VD_1$ | |
| 12 | 二极管 | 1N5819 | 1 只 | $VD_3$ | |
| 13 | 稳压二极管 | 5.6V | 1 只 | $VS_1$ | |
| 14 | 稳压二极管 | 5.6V | 1 只 | $VS_2$ | |
| 15 | 晶体管 | 13001 | 1 只 | $VT_1$ | |
| 16 | 晶体管 | 8050 | 3 只 | $VT_3$、$VT_6$、$VT_7$ | |
| 17 | 晶体管 | 8550 | 3 只 | $VT_2$、$VT_4$、$VT_5$ | |
| 18 | 瓷片电容器 | 101/1kV | 1 只 | $C_2$ | |
| 19 | 瓷片电容器 | 102 | 1 只 | $C_1$ | |
| 20 | 瓷片电容器 | 104 | 1 只 | $C_6$ | |
| 21 | 电解电容器 | 2.2μF/50V | 2 只 | $C_3$、$C_5$ | |
| 22 | 电解电容器 | 220μF/16V | 1 只 | $C_4$ | |
| 23 | LED | 红色 φ3mm | 1 只 | $VL_2$ | |

（续）

| 序号 | 名称 | 规格 | 用量 | 代号 | 备注 |
|---|---|---|---|---|---|
| 24 | LED | 七彩 $\phi$3mm | 1 只 | $VL_1$ | |
| 25 | PCB | 松香板 | 1 块 | 58mm ×37mm ×1.2mm | |
| 26 | WSB 插座 | 六角 | 1 块 | 13mm ×14mm ×7mm | |
| 27 | 高频变压器 | | 1 块 | T | |
| 28 | 电源线 | | 4 根 | 1 ×35mm　0.8mm ×55mm | |
| 29 | 五金外壳 | | 1 套 | | |

需要提交的成果：七彩手机万能充电器的实物作品和工作报告。

## 任务实施

请根据任务要求，确定所需要的检测仪器、工具、元器件，并对小组成员进行合理分工，制订详细的安装步骤和测试计划。

1）画出七彩手机万能充电器的安装图。

2）写出初步的安装方案。

3）写出最终的安装方案。

4）小组人员分工。

5）准备所需要的检测仪器、工具、元器件。

6）电路的安装：①检测元器件；②焊接电阻器；③焊接瓷介电容器；④焊接电解电容器；⑤焊接二极管；⑥焊接晶体管；⑦焊接 LED；⑧焊接开关变压器、USB 接口和充电线；⑨对连接片、电极片进行上锡处理；⑩将 220V 电极片固定在后盖上；⑪安装透明面壳上的活动触片；⑫将胶垫粘贴在前盖上；⑬充电端线与 PCB 上的 + 、 - 极相连接。

安装过程中的注意事项：

按照元器件清单认真清查元器件及配件的数量，特别是电阻器、稳压二极管、晶体管等要认真识别其参数和型号。最好能用一小容器（如纸盒）来放所有的配件，这样可以防止丢失。

根据元器件的孔距来确定安装方式，孔距短的采用立式安装，孔距长的采用卧式安装。电容器、晶体管、发光二极管采用立式安装。安装 LED 时，注意区分红色和七彩的，$VL_1$ 处焊接七彩 LED，$VL_2$ 处焊接红色 LED。元器件中有 2 个塑料柱用来控制其高度，将它们套在塑料柱后插到 PCB 上即可焊接。

元器件中的金属结构件有 2 个 220V 插头片、2 个卡针片（活动触片）、2 个连接片、2 个弹簧（左、右之分）和 1 个轴。先将 220V 插头片一端上锡，然后适当用劲插到后盖相应处，插到位后焊上 2 根红色的导线，另外一端接到 PCB 的 N、L 处。

将 2 个连接片的一端上锡，并从白色的面壳（透明的）中穿进，插到前盖 2 个方孔中，将 2 个卡针片的卡针端放进面壳指示度的槽中，另外一端与连接片的一端放在一起，用 2 颗相同规格的自攻螺钉通过塑料把手（透明塑料）固定在一起，并能调整卡针之间的角度。弹簧的短线端插到塑料孔中，并放置好，然后用轴穿过弹簧、白色面壳、前壳的的塑料孔中，以保证能夹好充电电池。

黑色导线一端焊接在 PCB 的 "＋"、"－" 处，另外一端焊接在上了锡连接片上。

黑色胶垫粘贴在前盖的弧形槽中，上好后盖螺钉后在将标签贴好。

7）电路调试：安装完成后，认真检查有无错误，然后通上 220V 交流电，TEST（检测）灯，即红色 LED 亮，即可使用。

首先测试给电池充电。打开充电器上盖，将电池装入并拨动金属触片，对准电池正、负极触片，此时检测（TEST）灯亮表明可以进行充电，然后将充电器插入市电，七彩 LED 闪烁，表明正在充电状态。充满电后，七彩 LED 熄灭。

然后测试通过 USB 端口充电。将手机、MP3、MP4 等配备的具有充电功能的数据线插入充电器 USB 端口，然后将充电器插入市电即可对其充电。

## 知识链接

目前市场上有些万能充电器采用了集成电路，现作一简单介绍。

**1. 集成电路的定义**

采用半导体制作工艺，把多个元器件及连接导线制作在同一块半导体基片上所得到的器件，称为集成电路（IC）。

**2. 集成电路的特点**

与分立元器件相比，集成电路具有体积小、质量轻、性能好、可靠性高、损耗小、成本低等优点。

**3. 集成电路的分类**

（1）按功能结构分

1）数字集成电路：用来产生、放大和处理各种数字信号（指在时间上和幅度上离散取值的信号）。

2）模拟集成电路：用来产生、放大和处理各种模拟信号（指在时间上和幅度上连续取值的信号）。

（2）按集成度高低分

1）小规模集成电路：集成 100 个以内元器件或 10 个门电路。

2）中规模集成电路：集成 100～1000 个元器件或 10～100 个门电路。

3）大规模集成电路：集成 1000 个以上元器件或 100 个以上门电路。

4）超大规模集成电路：集成 10 万个以上元器件或 1 万门电路。

（3）按制作工艺分

1）半导体集成电路，可分为双极型和单极型（MOS）。

双极型：利用电子和空穴两种载流子导电，制作工艺复杂，功耗较高、技术成熟（TTL、ECL、HTL、STTL 等类型）。

单极型（MOS）：只用一种载流子导电，制作工艺简单，功耗也较低，易于制成大规模集成电路（CMOS、NMOS、PMOS）。

2）膜集成电路：可分为厚膜集电路和薄膜集成电路。

3）混合集成电路：是指在无源膜电路上外加半导体集成电路或二极管、晶体管等有源器件构成的电路。

**4. 常见的集成电路的外形**

1）圆形金属封装，如图 3-5-6a 所示。

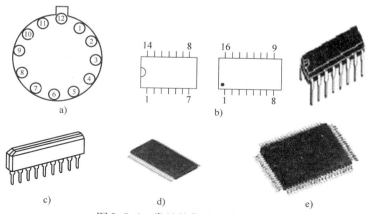

图 3-5-6　常见的集成电路的外形

2）双列直插式封装，如图 3-5-6b 所示。

3）单列直插式封装，如图 3-5-6c 所示。

4）扁平封装，如图 3-5-6d 所示。

5）四列扁平式封装，如图 3-5-6e 所示。

**5. 集成电路的引脚识别与使用注意事项**

（1）集成电路的引脚识别

1）圆形和菱形封装：让引脚对着自己，由靠近定位标志的引脚开始，顺时针方向依次为 1，2，3，…

2）单列式：这种集成电路的定位标志有缺角、小孔、色点、凹坑、线条色带等。识别时引脚朝下，让定位标志对着自己，从标志侧的第一只引脚数起，依次为 1，2，3，…

3）双列式：这种集成电路的定位标志有色点、半圆缺口、凹坑等。识别时将集成电路水平放置，引脚向下，标志对着自己身体，从有标志边的第一个引脚开始按逆时针方向，依次为 1，2，3，…

4）四列扁平式：这种集成电路的定位标志有色点、缺口等。识别时引脚向下，标志对着自己身体，从有标志的第一个引脚开始按逆时针方向，依次为 1，2，3，…

（2）集成电路的使用注意事项

1）使用集成电路时，其各项电性能指标应符合规定要求。

2）在设计安装电路时，应使集成电路远离热源；对输出功率较大的集成电路应采取有效的散热措施。

3）进行整机装配焊接时，一般最后对集成电路进行焊接。

4）不能带电焊接或插拔集成电路。

5）正确处理好集成电路的空脚。

6）MOS 集成电路使用时，应特别注意防止静电感应击穿。

**6. 集成电路的检测方法**

（1）电阻测试法（非在路集成电路的测试，$R \times 1k$ 挡）　它实际上是一种元器件的质量比较法，首先测试质量完好的单个集成电路各引脚对其接地端的阻值并做好记录，然后测试待测单个集成电路各引脚对其接地端的阻值。对测试结果进行比较，以判断被测集成电路的好坏。（这种比较不是阻值要绝对相等，而是要求变化规律相同，阻值差异正常。）

（2）电压测试法（在路集成电路的测试）　当集成电路供电端电压正常时，集成电路各引脚电压有两种情况：一是引脚的电压数据取决于外部条件及外接元器件；二是引脚电压数据由集成电路内部给出。如果在路测得的电压与标准数据的规定有较大的差异，在排除外部条件及外接元器件有质量问题后，大多数情况下可确认集成电路已损坏。

（3）替代法　对可疑的集成电路，用同型号的好的集成电路替代试验判断集成电路好坏。

（4）集成电路测试仪测试　对可疑的集成电路，用集成电路测试仪测试好坏。

### 任务评价

七彩手机万能充电器的安装与调试任务评价表见表3-5-2。

表3-5-2　七彩手机万能充电器的安装与调试任务评价表

| 类别 | 项目 | 配分 | 内容 | 自评 | 互评 | 老师评价 |
|---|---|---|---|---|---|---|
| 专业能力 | 安全操作 | 5<br>10<br>5<br>5 | 1. 元器件的识别、检查<br>2. 元器件布局合理、接线正确<br>3. 制作过程中无元器件烧毁<br>4. 仪器仪表使用正确 | | | |
| | 完成制作 | 10<br>5<br>5<br>5 | 1. 产品功能完整<br>2. 解决任务书上的问题<br>3. 展示说明<br>4. 发现创新 | | | |
| | 效率 | 10 | 在规定的时间内完成学习产品，产品能正确完成相应的功能，外形美观 | | | |
| 方法能力和社会能力 | 分工合作与履职情况 | 5<br>5 | 1. 组长分工合理，每个组员都能明确自己的职责，组员之间配合默契<br>2. 每个组员都能认真完成任务，并履行学习活动中的相关职责 | | | |
| | 纪律与卫生 | 15 | 按时到岗、遵守课堂纪律，各小组学习环境卫生保持良好 | | | |
| | 安全及7S管理 | 10 | 着工装、标志牌，遵守安全操作规程，符合7S管理的要求 | | | |
| | 礼仪 | 5 | 着装整齐清洁，仪容仪表规范，问候、回答问题及作品展示自然、大方、礼貌 | | | |

| 开始时间 | | 结束时间 | | 实际时间 | | 成绩 | |
|---|---|---|---|---|---|---|---|
| 评价意见（教师） | | | | | | | |
| 自评学生 | | 日期 | | 互评学生 | | | |

## 思考与练习

### 一、填空题

1. 指针式万用表上的两个调零分别是_____调零、_____调零。

2. 用指针式万用表测量电阻前,必须先进行_____调零。如果不知道被测电流或电压的大小,应先选用_____挡,依据指针偏转情况,再选用合适挡位测量。

3. 用指针式万用表测量电阻时应_____,应使指针_____,换挡应重新_____。

4. 扬声器又称为_____,是一种把音频电流转换成声音的电声器件。

### 二、单项选择题

1. 万能充电器中的变压器一般为自耦变压器,当自耦变压器将市电 220V 变至 24V 时,是否属于安全电压?(　　)。

A. 是　　　　　　　B. 否　　　　　　　C. 不能确定

2. 下列哪一项不是 PCB 的主要组成(　　)

A. 各种元器件　　　B. 绝缘基板　　　C. 印制导线　　　　　D. 焊盘

3. 普通万用表交流电压挡的指示值是指(　　)。

A. 矩形波的最大值　　　　　　　B. 三角波的平均值

C. 正弦波的有效值　　　　　　　D. 正弦波的最大值

4. 为了保护无空挡的万用表,当使用完毕后应将万用表转换开关旋至(　　)。

A. 最大电流挡　　B. 最高电阻挡　　C. 最低直流电压挡　　D. 最高交流电压挡

5. 光敏电阻器是一种对(　　)极为敏感的电阻器。

A. 电压变化　　　B. 光线　　　　　C. 温度　　　　　　D. 湿度

6. 集成电路 T605 的引脚排列如题图 3-1-1 所示,第一引脚是在(　　)处。

A. ①　　　　　　B. ②　　　　　　C. ③　　　　　　D. ④

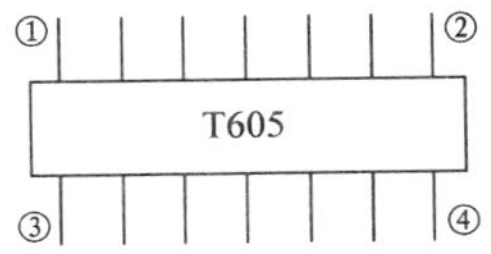

```
①                    ②
┌──────────────────────┐
│        T605          │
└──────────────────────┘
③                    ④
```

题图　3-1-1

### 三、判断题

1. 耳机也可以将模拟电信号转化为声音信号。　　　　　　　　　　　　　　(　　)

2. 在检测恒流充电器输出电流时,误把电流表并接在负载两端,将会烧坏电流表。

　　　　　　　　　　　　　　　　　　　　　　　　　　　　　　　　　(　　)

3. 在光线较强时声控电路没有放大作用,所以灯不亮。　　　　　　　　　　(　　)

4. 用调压器(自耦变压器)来改变实验用的输入电压,把电压调到安全电压时,就可以用手随便触摸调压器的输入电压两端。　　　　　　　　　　　　　　　　(　　)

5. 安装接地线路的导线一般采用红色。　　　　　　　　　　　　　　　　　(　　)

6. 传声器是将电信号转换为声音信号的电声器件。　　　　　　　　　（　　）

7. 万用表不用时，最好将转换开关旋到直流电压最高挡。　　　　　　（　　）

8. 光敏电阻器是一种对光线极为敏感的电阻器。　　　　　　　　　　（　　）

9. 交流电流表能用于测交流电流，直流电流表能用于测直流电流，两种仪表绝对不能互换使用。　　　　　　　　　　　　　　　　　　　　　　　　　　　（　　）

四、简答题

1. PCB 手工焊接的操作要领是什么？

2. 指针式万用表的测量内容有哪些？

3. 如何判别驻极体传声器的质量？请写出选择的电阻的量程挡。

4. 如何判别标称阻值为 8Ω 的小型扬声器的质量？请写出选择的电阻量程挡。

# 项目四　整机的装配与调试

整机的装配是将各零部件、整件，按照设计要求，安装在不同的位置上，组合成一个整体，再用导线将零部件之间进行电气连接，完成一个具有一定功能的、完整的机器，以便进行整机调整和测试。装配包括机械和电气两大部分。

整机装配前对零部件或组件进行调试、检验。在安装过程中应采用合理的安装工艺，用经济、高效、先进的装配技术，使产品达到预期的效果。要严格遵守整机装配的顺序要求。装配过程中，不损伤元器件和零部件，保证安装件的正确，保证产品的电性能稳定，并有足够的机械强度和稳定度。

整机装配过程中每一个阶段都应严格执行自检、互检与专职调试检验的"三检"原则。

整机调试包括：外观检查、结构调试、通电检查、电源调试、整机统调、整机技术指标综合测试及例行试验等。

## 任务一　迷你音响的装配与调试

### 🔧 任务目标

**知识目标**

1）能通过各种信息渠道收集音响有关的知识和信息。

2）知道音响电路的基本工作原理和测试方法。

3）会初步编写迷你音响装配的工艺文件。

**技能目标**

1）会识别与检测有关的元器件，并判别性能好坏。

2）能较为熟练地使用相关的工具及调试、检验所需的仪器设备。

3）能按照生产音响的工艺要求进行整机装配。

4）会按照音响的标准对电路进行调试和检验。

**情感目标**

1）具备基本职业道德和素质——工作细心、质量第一。

2）能主动与人合作、参与团队工作，与人交流和协商。

### 🔧 任务描述

以迷你音响为载体，模拟企业生产车间来完成本任务，也可以独立完成。

参加本任务的学生，根据企业生产部下达的生产任务（订单），在规定的时间内，以高效、经济的方式，按照生产工艺的要求，装配和调试相应的产品（迷你音响产品）。产品需要经过质量检验，符合音响方面国家标准才能入库。

在完成本工作任务过程中可以学习所需要的背景知识，熟悉音响产品生产加工的完整工作流程以及质量检验方法。

**1. 迷你音响简介**

这是一款造型小巧别致的有源音响，分别有足球造型和绿苹果造型两种。音响由两个半球和底座组成，每个半球内装有一只亮膜小扬声器，底座内装有 PCB，电路使用经典的 2822 双声道功率放大器集成电路，带有电源开关、电源 LED 指示灯、双声道音量电位器、还有接外接电源用的空心插座。底座下面设有可以装 4 节 7 号电池的电池槽。电路组装比较简单，按照电路原理图和 PCB 图焊好元器件并组装好外壳即可，基本不用调试就能正常工作。

**2. 迷你音响的电路原理**

迷你音响的电路原理如图 4-1-1 所示。

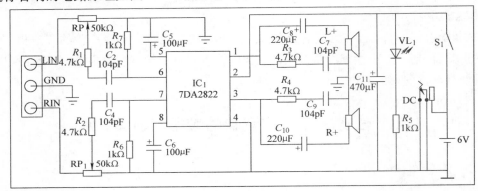

图 4-1-1　迷你音响的电路原理

**3. 迷你音响的 PCB 图**

迷你音响的 PCB 图如图 4-1-2 所示。

**4. 迷你音响元器件的布局**

迷你音响元器件的布局如图 4-1-3 所示。

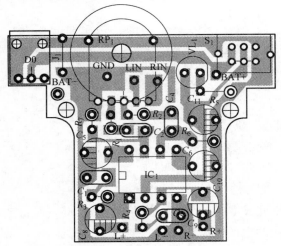

图 4-1-2　迷你音响的 PCB 图

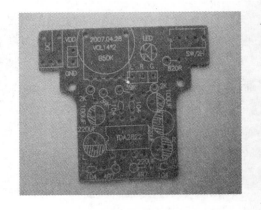

图 4-1-3　迷你音响元器件的布局

### 5. 迷你音响的材料

迷你音响的材料如图 4-1-4 所示。

### 6. 迷你音响的成品

迷你音响的成品如图 4-1-5 所示。

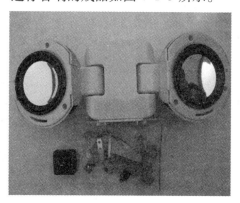

图 4-1-4 迷你音响的材料

图 4-1-5 迷你音响的成品

### 7. 主要元器件清单

主要元器件清单见表 4-1-1。

表 4-1-1 主要元器件清单

| 序号 | 名称 | 规格 | 用量 | 位号 |
|---|---|---|---|---|
| 1 | PCB | HX－2822 | 1 片 | |
| 2 | 集成电路 | TDA2822 | 1 块 | IC$_1$ |
| 3 | 发光二极管 | 绿色 $\phi$3mm | 1 支 | VL$_1$ |
| 4 | 双联电位器 | B50K（双声道） | 1 只 | RP$_1$ |
| 5 | DC 插座 | | 1 只 | DC |
| 6 | 开关 | SK22D03VG2 | 1 只 | S$_1$ |
| 7 | 电阻器 | 4.7R、4.7k$\Omega$ | 各 2 只 | R$_3$、R$_4$、R$_1$、R$_2$ |
| 8 | 电阻器 | 1k$\Omega$ | 3 只 | R$_5$、R$_6$、R$_7$ |
| 9 | 瓷介电容器 | 104P | 4 只 | C$_2$、C$_4$、C$_7$、C$_9$ |
| 10 | 超小电解电容 | 100$\mu$F、220$\mu$F | 各 2 只 | C$_5$、C$_6$、C$_8$、C$_{10}$ |
| 11 | 超小电解电容 | 470$\mu$F/16V | 1 只 | C$_{11}$ |
| 12 | 立体声插头 | 双芯屏蔽线 | 1 根 | LI、RI、T |
| 13 | 扬声器 | 4$\Omega$、5W | 2 只 | |
| 14 | 电池片 | | 1 套 | |
| 15 | 动作片 | | 4 片 | |
| 16 | 导线 | $\phi$1.0mm×90mm×2P | 2 根 | L＋、L－、R＋、R－ |
| 17 | 导线 | $\phi$1.0mm×60mm | 2 根 | BAT＋、BAT－ |
| 18 | 螺钉 | PA $\phi$2mm×6mm | 10 粒 | 底壳、机板、动作片 |
| 19 | 螺钉 | PA $\phi$2mm×8mm | 8 粒 | 扬声器座 |
| 20 | 说明书 | | 1 份 | |
| 21 | Qc 贴纸 | | 1 个 | |
| 22 | 胶带 | | 1 个 | |
| 23 | 塑胶 | | 1 套 | |

任务完成后需要提交的成果：迷你音响的实物作品和工作报告。

## 任务实施

请根据任务要求，确定所需要的检测仪器、工具、元器件，并对小组成员进行合理分工，制订详细的安装步骤和测试计划。

1）编写组装迷你音响的工艺文件。

2）小组人员分工。

3）准备所需要的检测仪器、工具、元器件。在拿到套件后，首先检查一下元器件是否与元器件清单相符，例如清单给出的电阻器阻值与色标是否相同，电容器是否相符，还有各种元器件的数目是否相等。这些都是最基本的检查工作。检查完这些后再用万用表检测各元器件的性能参数与技术与标准对照看是否完好。

4）电路安装。要确保电路的导电性能良好并能正常工作，焊接是一项最重要的工序，所以在焊接时应注意以下几点：

① 焊接时尽可能掌握好焊接时间，能快则快，一般不能超过 3s，尤其是集成芯片。烙铁头应修整得窄一些，这样焊接时不会碰到相邻的焊接点。

② 元器件的装插焊接应遵循先小后大、先轻后重、先低后高、先里后外的原则，这样有利于装配顺利进行。

③ 在瓷介电容器、电解电容器及晶体管等元器件采用立式安装时，引线不能太长，否则降低元器件的稳定性；但也不能过短，以免焊接时因过热损坏元器件。一般要求距离 PCB 面 2mm，并且要注意电解电容器的正、负极性，以免插错。

④ 在焊接 TDA2822 集成芯片时一定要看清缺口方向，和 PCB 上的缺口方向要一致，要弄清引脚的排列顺序，并与 PCB 上的焊盘引脚对准，核对无误后，先对角焊接 1、8 脚用于固定集成电路，然后再重复检查，确认后再焊接其余脚位。焊接完后要检查有无虚焊、漏焊等现象，确保焊接质量。

⑤ 焊接完毕后，在接通电源前，先用万用表仔细检查各引脚间是否有短路，虚焊、漏焊现象。

5）迷你音响的调试。首先查看音量开关，确认能正常转动；然后安装 4 节 7 号电池；再把制作好的音响外接线插在端口为 3.5 的插孔播放器（调试可以用 MP3 或手机）上，把音响开关推至 ON，应可以听到 MP3（或手机）里播放的音乐。如果发现声音有异常（如有断续），则重新打开外壳，仔细检查扬声器线没有焊牢，并加以修正。修正好之后接上音乐信号源，试听音量和音调电路对音乐的调节效果。调节开关若能够听到高提升和低音调的声音有明显的衰减，则调试成功。

## 知识链接

### 1. 迷你音响电路的工作原理

该电路中音频信号经电容器和可调电阻器加上偏置电路输入到高保真功率放大器 TDA2822。DC 6V 输入从 2 脚输入到双声道放大芯片 TDA2822，TDA2822 达到需要的工作电压后导通工作，输出放大后的双声道音频信号。为使输出的音质更好输出，接地前加接了电容器。音频信号最后输出到扬声器，输出声音。

TDA2822 是小功率集成功率放大器，其特点是：工作电压低，低于 1.8V 时仍能正常工作，集成度高，外围元器件少，音质好。TDA2822 广泛应用于收音机、随身听、耳机放大器等小功率功率放大器电路中。

图 4-1-6 为 TDA2822 用于立体声功率放大器的典型应用电路。

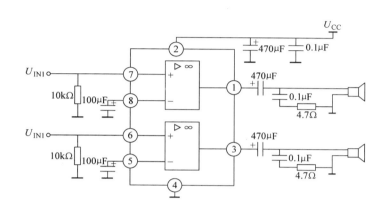

图 4-1-6 TDA2822 用于立体声功率放大器的典型应用电路

TDA2822 的 5、8 脚为信号弱地，应将它们并在一起引向前级，通过前级地线分支而接地。如果将它们单独接一地线分支会出现无法消除的本底交流声，其特点是噪声恒大，不随音量变化而变化。这是 TDA2822 运用中很特殊的地方。在尽量靠近 IC 正、负电路引脚处并联一只电容器接地。此电容器能使功率放大器块稳定，工作不自励。

高保真功率放大器 TDA2822 的封装采用 8 脚 DIP，是 2 单片功率放大器集成电路，外围元器件极少，使用方便，具有短路保护和静噪功能。

**2. 功率放大电路的工作原理**

功率放大器简称功放。很多情况下主机的额定输出功率不能胜任带动整个音响系统的任务，这时就要在主机和播放设备之间加装功率放大器来补充所需的功率缺口，而功率放大器在整个音响系统中起到了组织、协调的枢纽作用，在某种程度上决定着整个系统能否提供良好的音质输出。当负载一定时，希望其输出的功率尽可能大，其输出信号的非线性失真尽可能地小，效率尽可能高。常见的功率放大器有用集成运算放大器和晶体管组成的功率放大器，也有专用集成电路功率放大器。本次制作所用的 TDA2822 芯片采用的就是集成电路功率放大器。

🔩 **任务评价**

迷你音响的装配与调试任务评价表见表 4-1-2。

表 4-1-2　迷你音响的装配与调试任务评价表

| 类别 | 项目 | 配分 | 内容 | 自评 | 互评 | 老师评价 |
|---|---|---|---|---|---|---|
| 专业能力 | 安全操作 | 5<br>10<br>5<br>5 | 1. 元器件的识别、检查<br>2. 元器件布局合理、接线正确<br>3. 制作过程中无元器件烧毁<br>4. 仪器仪表使用正确 | | | |
| | 完成制作 | 10<br>5<br>5<br>5 | 1. 产品功能完整<br>2. 解决任务书上的问题<br>3. 展示说明<br>4. 发现创新 | | | |
| | 效率 | 10 | 在规定的时间内完成学习产品，产品能正确完成相应的功能，外形美观 | | | |
| 方法能力和社会能力 | 分工合作与履职情况 | 5<br>5 | 1. 组长分工合理，每个组员都能明确自己的职责，组员之间配合默契<br>2. 每个组员都能认真完成任务，并履行学习活动中的相关职责 | | | |
| | 纪律与卫生 | 15 | 按时到岗、遵守课堂纪律，各小组学习环境卫生保持良好 | | | |
| | 安全及 7S 管理 | 10 | 着工装、标志牌，遵守安全操作规程，符合 7S 管理的要求 | | | |
| | 礼仪 | 5 | 着装整齐清洁，仪容仪表规范，问候、回答问题及作品展示自然、大方、礼貌 | | | |

| 开始时间 | | | 结束时间 | | 实际时间 | | 成绩 | |
|---|---|---|---|---|---|---|---|---|
| 评价意见（教师） | | | | | | | | |
| 自评学生 | | | 日期 | | | 互评学生 | | |

# 任务二　面包型电话机的装配与调试

## 任务目标

**知识目标**

1）能通过各种信息渠道收集电话机电路有关的知识和信息。

2）掌握电话机电路的基本工作原理和测试方法。

3）初步学会编写电话机装配的工艺文件。

**技能目标**

1）会识别与检测有关的元器件，并判别性能好坏。

2）较为熟练地使用相关的工具及调试、检验所需的仪器设备。

3）能按照生产电话机的工艺要求进行整机装配。

4）会按照电话机的标准对电路进行调试和检验。

**情感目标**

1）具备基本职业道德和素质——工作细心、质量第一。

2）能主动与人合作、参与团队工作，与人交流和协商。

## 任务描述

以面包型电话机为载体，模拟企业生产车间来完成本任务，也可以独立完成。

参加本任务的学生，根据企业生产部下达的生产任务（订单），在规定的时间内，以高效、经济的方式，按照生产工艺的要求，装配和调试相应的产品（面包型电话机产品）。产品需要经过质量检验后，符合相关国家标准才能入库。

在完成本工作任务的过程中可以学习所需要的背景知识，熟悉电话机产品生产加工的完整工作流程以及质量检验方法。

### 1. 电话机简介

随着国民经济的发展和人民生活水平的提高，电子电话机已经和各种家用电器一样走入千家万户，成为人们日常工作与生活的必须品。同时随着集成电路技术的发展，电话机的功能越来越强，然而其基本的振铃、拨号与通话功能却是每一款电话机必备的功能。掌握电话机的基本原理并能正确地进行运用，对开发出一些远程控制或测量的产品来说，也是非常实用的。本任务介绍一款面包型电话机的制作，通过本制作，可以使学生进一步加深对电子电话机工作原理的认识。

### 2. 面包型电话机的电路原理

面包型电话机的电路原理如图 4-2-1 所示。

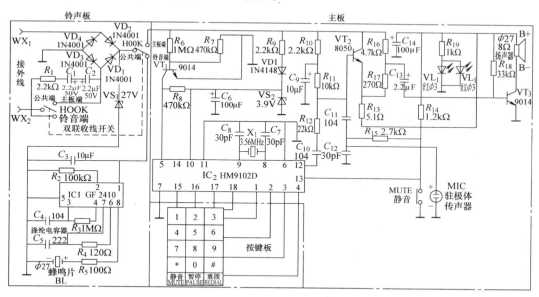

图 4-2-1　面包型电话机的电路原理

### 3. 面包型电话机的 PCB 图

面包型电话机的 PCB 图如图 4-2-2 所示。

### 4. 面包型电话机元器件的布局

面包型电话机元器件的布局如图 4-2-3 所示。

a)手柄　　　　　　　　　　　　　　b)底座

图 4-2-2　面包型电话机的 PCB 图

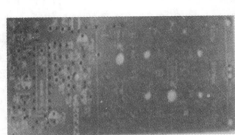 

a)手柄　　　　　　　　　　　　　　b)底座

图 4-2-3　面包型电话机元器件的布局

**5. 面包型电话机的材料**

面包型电话机的材料如图 4-2-4 所示。

**6. 面包型电话机的外观**

面包型电话机的外观如图 4-2-5 所示。

 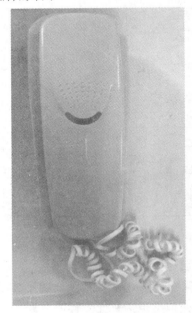

图 4-2-4　面包型电话机的材料　　　　图 4-2-5　面包型电话机的外观

**7. 主要元器件清单**

主要元器件清单见表4-2-1。

表4-2-1  主要元器件清单

| 序号 | 名称 | 型号/规格 | 代号 | 数量 | 序号 | 名称 | 型号/规格 | 代号 | 数量 |
|---|---|---|---|---|---|---|---|---|---|
| 1 | 集成电路 | GF2410 | $IC_1$（铃） | 1块 | 22 | 电解电容器 | 100μF | $C_6$、$C_{14}$ | 2只 |
| 2 | 集成电路 | HM9102D | $IC_2$ | 1块 | 23 | 收线开关 | | | 1个 |
| 3 | 开关二极管 | 1N4148 | $VD_5$ | 1只 | 24 | 铃声板 | | | 1块 |
| 4 | 整流二极管 | 1N4001 | $VD_1$、$VD_2$ $VD_3$、$VD_4$ | 4只 | 25 | 主线路板 | | | 1块 |
| | | | | | 26 | 接线板 | | | 1块 |
| 5 | 稳定二极管 | 27、3.9V | $VS_1$、$VS_2$ | 各1只 | 27 | 排线 | 双排 | | 1组 |
| 6 | 晶体管 | 9014 | $VT_1$、$VT_3$ | 2只 | 28 | 导线 | 60mm | | 2根 |
| 7 | 晶体管 | 8050 | $VT_2$ | 1只 | 29 | 导线 | 80mm | | 4根 |
| 8 | 发光二极管 | $\phi$5mm | $VL_1$、$VL_2$ | 2只 | 30 | 直线插座 | 接电话线插头 | | 1个 |
| 9 | 石英晶板 | | $X_1$ | 1只 | 31 | 二芯曲线 | | | 1根 |
| 10 | 驻极体传声器 | 58dB±1dB | 手持 | 1个 | 32 | 二芯直线 | 至外线 | | 1根 |
| | | | | | 33 | 自攻螺钉 | $\phi$2mm×5mm | | 8粒 |
| 11 | 蜂鸣片 | $\phi$27nm | BL | 1个 | 34 | 自攻螺钉 | | | 2粒 |
| 12 | 扬声器 | | | 1个 | 35 | 自攻螺钉 | $\phi$3mm×6mm | | 4粒 |
| 13 | 电阻器 | 5.1Ω、470kΩ、1MΩ | $R_{13}$、$R_7$、$R_3$、$R_8$、$R_6$ | 5只 | 36 | 数字组 | D–9 | | 10个 |
| 14 | 电阻器 | 270Ω、100Ω、1.2kΩ、2.7kΩ、4.7kΩ | $R_5$、$R_{16}$、$R_{17}$、$R_{15}$、$R_{14}$ | 各1只 | 37 | 功能组 | 静音、暂停 | | 5个 |
| | | | | | 38 | 收线塑料管 | 装在底壳上 | | 1个 |
| 15 | 电阻器 | 10kΩ、22kΩ、33kΩ、100kΩ、120kΩ、1kΩ | $R_2$、$R_{18}$、$R_{11}$、$R_{12}$、$R_4$、$R_{19}$ | 各1只 | 39 | 底座塑料壳 | | | 1个 |
| | | | | | 40 | 底座塑料面盖 | | | 1个 |
| 16 | 电阻器 | 2.2kΩ | $R_1$、$R_9$、$R_{10}$ | 3只 | 41 | 手柄塑料面盖 | | | 1个 |
| 17 | 涤纶电容器 | 222J | $C_5$ | 1只 | 42 | 按键塑料壳 | （手柄） | | 1个 |
| 18 | 瓷片电容器 | 30pF | $C_7$、$C_8$、$C_{12}$ | 3只 | 43 | 装饰片 | | | 1片 |
| 19 | 瓷片电容 | 104 | $C_4$、$C_{10}$、$C_{11}$ | 3只 | 44 | 双面胶 | 28×48 | | 1张 |
| | | | | | 45 | 说明书 | | | 1份 |
| 20 | 电解电容器 | 2.2μF | $C_1$、$C_2$、$C_{13}$ | 3只 | 46 | 集成电路插座 | 8脚 | | 1块 |
| 21 | 电解电容器 | 10μF | $C_3$、$C_9$ | 2只 | 47 | 集成电路插座 | 18脚 | | 1块 |

任务完成后需要提交的成果：面包型电话机的实物作品和工作报告。

⚙ **任务实施**

请根据任务要求，确定所需要的检测仪器、工具、元器件，并对小组成员进行合理分工，制订详细的安装步骤和测试计划。

1）编写组装迷你音响的工艺文件。

2）小组人员分工。

3）准备所需要的检测仪器、工具、元器件：在拿到套件后，首先检查一下元器件是否与元器件清单相符，例如清单给出的电阻器阻值与色标是否相同，电容器是否相符，还有各种元器件的数目是否相等。这些都是最基本的检查工作。检查完这后再用万用表检测各元器件的性能参数与技术、与标准对照看是否完好。

4）电路安装。

① 振铃 PCB 上，铃声是通过蜂鸣器发出的，为使声音更加悦耳，蜂鸣器安装于机壳后，用塑胶枪打上胶后将其固定。若无胶枪，可用电烙铁将附带的塑胶熔化后固定蜂鸣器。若蜂鸣器松动，发出的铃声较难听。

② HM9102D 的 7 脚为模式控制脚，由于采用双音频拨号，因此制作时直接将该脚接地即可，具体操作时，将手柄 PCB 上的引线口用钎料短接。

③ HM9102D 的 5 脚为叉簧输入引脚，由于本电话机的叉簧开关是直接控制主电路的电源的，因此我们将系统直接设定为所有功能全部开放的状态，在焊接电路时，直接将 5 脚通过 $R_{19}$ 接地，$R_{19}$ 在 PCB 上未标明，实际安装于 $VT_3$ 的 C、E 脚孔位。

④ 两只 LED 供晚上照明所用，安装时必须将 LED 伸出 PCB，其中一只离焊接孔位较远，因此 LED 的管脚不要剪掉，否则会太短。

⑤ 听筒与机座间的连接曲线有极性之分，听筒 PCB 上有标志，负极与驻极体传声器的负极相连，正极焊在标有 "T" 字样的焊盘上。这根线焊好后应将整根线卡在塑料槽中后再引出，否则容易折断。

5）电路的调试。本电话机只要安装无误，一般装上去就可以用，无需装电池，可先将正在用的电话机的外线插头拔下来插在本电话机的插座内，提起手柄应能听到拨号音（即长声），然后拨号，拨号时能听到 "嘟嘟嘟" 的拨号音，然后应能听到对方接通的响铃声，然后挂机，再试接听，用另一台电话机或手机拨打本电话所接电话号码，拨通后本机应能听到电话机的振铃声。至此，本电话机制作完成。

 **知识链接**

### 1. 面包型电话机的工作原理

面包型电话机的电路原理如图 4-2-1 所示。

电话外线接入 $WX_1$、$WX_2$，当挂机时，叉簧开关 HOOK 接通振铃电路，目前广泛采用的程控交换机的工作电压为 DC 60V 左右，铃音信号的电压为 AC 90V 左右，没有铃音信号输入时由于 $E_1$ 和 $E_2$ 对直流电压是断路的，因此没有电流流入电话机，当有交流的铃音信号到来时，经 $R_1$ 和 $E_1$、$E_2$ 后，经极性保护电路在 $VS_1$ 两端形成一个 DC 27V 左右的电压，作为振铃电路的工作电源。振铃电路得电后，铃音振荡电路工作，从 GF2410 的 8 脚输出铃音信号，经 $R_6$ 限流后，在压电陶瓷片上发出电话振铃音。当听到铃声后拿起电话机，此时电话机工作在摘机状态，叉簧开关复位，此时一方面断开 $E_1$、$E_2$ 通路，$WX_2$ 直接接入极性保护电路，另一方面断开振铃电路供电回路，接通通话部分电路。由于通话电路阻抗较低，便会形成一个有效的摘机信号，交换机接到这个摘机信号后，回路电压变为 8V 左右，作为整机的工作电源。外电源一路经 $R_{12}$、$VD_1$ 在 $VS_2$ 两端形成 4.7V，为 HM9012D 供电。HM9102是一款性价比较高的脉冲/双音频拨号器。

摘机后，外电源经 $R_{15}$、$R_{16}$ 分压，$VT_3$ 饱和导通，其集电极变为低电平，启动拨号芯片 $IC_2$。芯片启动后，对键盘不断地进行扫描，当有按键按下时，经 D – A 转换后，从 13 脚（TONE 脚）输出双音频信号。通话中，线路传输过来的语音信息经 $E_4$ 耦合后，由 $VT_1$ 放大，驱动扬声器发出声音，而接听电话者的说话声则从 MIC 拾取后，经 $R_8$、$C_1$ 耦合送入线路，完成与异地的通话。

**2. 电声器件**

（1）概念  电声器件通常是指能将音频电信号转换成声音信号或者能将声音信号转换成音频信号的器件。

扬声器：把音频信号转变为声音信号的电声器件。

传声器：把声音信号转变为音频电信号的电声器件。

拾音器、耳机和蜂鸣器等也属于电声器件。

（2）扬声器

1）分类。

按工作频率分：低音、高音、中音、全频带扬声器。

按驱动方式或能量转换方式分：电动式、电磁式、压电式、电容式、数字式、晶体式等扬声器。

按扬声器音膜分：纸盆扬声器、非纸盆扬声器、带橡胶边的扬声器、带泡沫边的扬声器等。

按声波的辐射方式分：直射式和反射式。

2）扬声器的主要参数。

额定功率：是指扬声器在失真度允许的条件下，能长时间正常工作时输入的电功率。一般情况下，扬声器能承受的功率大于额定功率的 1.5 ~ 2 倍。但通常给扬声器输入的功率要小于额定功率。

额定阻抗：是指扬声器在额定功率下所得到的交流阻抗值。只有扬声器的阻抗与功率放大器的电路输出端的阻抗相匹配时，扬声器才能得到最佳的工作状态。额定阻抗通常有 $4\Omega$、$8\Omega$、$16\Omega$、$32\Omega$。

失真度：是指扬声器发出的声音与原音不尽相同，而是掺杂了许多谐波后的噪声。

灵敏度：是指在规定范围内输入给扬声器的视在功率为 $0.1V \cdot A$ 的信号时，在其参考轴上距参考点 1m 产生的电压，反映电声转换效率的高低。

指向性：是指扬声器放音时在空间不同的方向上辐射的声压分布特性。频率越高指向性越强。

**3. 开关**

（1）概念  开关是用来接通和断开电路的元件。开关应用在各种电子设备、家用电器中。

（2）分类

1）按用途分：波段开关、录放开关、电源开关、预选开关、限位开关、控制开关、转换开关、隔离开关等。

2）按结构分：滑动开关、钮子开关、拨动开关、按钮、薄膜开关等。

（3）常用开关  常用开关的外形如图 4-2-6 所示。

（4）主要参数

图4-2-6 常用开关的外形

1）额定电压：是指开关在正常工作时所允许的安全电压，加在开关两端的电压大于此值，会造成两个触点之间打火击穿。

2）额定电流：指开关接通时所允许通过的最大安全电流。当超过此值时，开关的触点会因电流太大而烧毁。

3）绝缘电阻：指开关的导体部分与绝缘部分的电阻值，绝缘电阻值应在100MΩ以上。

4）接触电阻：是指开关在导通状态下，每对触点之间的电阻值，一般要求在$0.1 \sim 0.5\Omega$，此值越小越好。

5）耐压值：指开关对导体及地之间所能承受的最低电压。

6）寿命：是指开关在正常工作条件下，能操作的次数，一般要求在5000 ~ 35 000 次。

## 任务评价

面包型电话机的安装与调试任务评价表见表4-2-2。

表4-2-2 面包型电话机的安装与调试任务评价表

| 类别 | 项目 | 配分 | 内容 | 自评 | 互评 | 老师评价 |
|---|---|---|---|---|---|---|
| 专业能力 | 安全操作 | 5<br>10<br>5<br>5 | 1. 元器件的识别、检查<br>2. 元器件布局合理、接线正确<br>3. 制作过程中无元器件烧毁<br>4. 仪器仪表使用正确 | | | |
| | 完成制作 | 10<br>5<br>5<br>5 | 1. 产品功能完整<br>2. 解决任务书上的问题<br>3. 展示说明<br>4. 发现创新 | | | |
| | 效率 | 10 | 在规定的时间内完成学习产品，产品能正确完成相应的功能，外形美观 | | | |
| 方法能力和社会能力 | 分工合作与履职情况 | 5<br>5 | 1. 组长分工合理，每个组员都能明确自己的职责，组员之间配合默契<br>2. 每个组员都能认真完成任务，并履行学习活动中的相关职责 | | | |
| | 纪律与卫生 | 15 | 按时到岗、遵守课堂纪律，各小组学习环境卫生保持良好 | | | |
| | 安全及7S管理 | 10 | 着工装、标志牌，遵守安全操作规程，符合7S管理的要求 | | | |
| | 礼仪 | 5 | 着装整齐清洁，仪容仪表规范，问候、回答问题及作品展示自然、大方、礼貌 | | | |
| 开始时间 | | | 结束时间 | 实际时间 | | 成绩 |
| 评价意见（教师） | | | | | | |
| 自评学生 | | | 日期 | 互评学生 | | |

## *任务三　FM 微型贴片收音机的装配与调试

### 任务目标

**知识目标**

1）通过各种信息渠道收集表面贴装技术（Surface Mounted Technology，SMT）和收音机有关的知识和信息。

2）了解 SMT 的特点，熟悉 SMT 的基本工艺流程。

3）知道收音机电路的基本工作原理和测试方法。

4）会初步编写收音机装配的工艺文件。

**技能目标**

1）会识别与检测有关的元器件，并判别性能好坏。

2）能熟练地使用相关的工具及调试、检验所需的仪器设备。

3）能按照生产收音机的工艺要求进行整机装配。

4）能按照收音机的标准对电路进行调试和检验。

**情感目标**

1）安全操作，爱护设备爱岗敬业，具有高度的责任心。

2）严格执行工作程序、工作规范、工艺文件和安全操作规程。

### 任务描述

以 FM 微型贴片收音机为载体，模拟企业生产车间来完成本任务，也可以独立完成。

参加本任务的学生，根据企业生产部下达的生产任务（订单），在规定的时间内，以高效、经济的方式，按照生产工艺的要求，装配和调试相应的产品（FM 微型贴片收音机产品）。产品需要经过质量检验后，符合相应国家标准才能入库。

在完成本工作任务过程中可以学习所需要的背景知识、熟悉 FM 微型贴片收音机产品生产加工的完整工作流程以及质量检验方法，使学生在装配与调试电子产品方面逐步由初学者成为熟练者。

**1. FM 微型贴片收音机简介**

FM 微型贴片收音机采用电调谐单片 FM 收音机集成电路，调谐方便、准确，接收频率为 87～108MHz，电源范围大（1.8～3.5V）。

**2. 工作原理**

电路的核心是 SC1088 单片收音机集成电路，它采用特殊的低中频（70kHz）技术，外围电路省去了中频变压器和陶瓷滤波器，使电路简单可靠，调试方便。

**3. FM 微型贴片收音机的电路原理**

FM 微型贴片收音机的电路原理如图 4-3-1 所示。

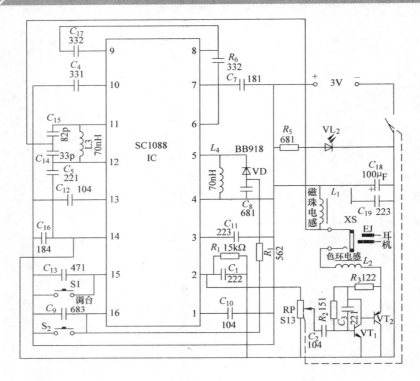

图 4-3-1　FM 微型贴片收音机的电路原理

**4. FM 微型贴片收音机的材料**

FM 微型贴片收音机的材料如图 4-3-2 所示。

**5. FM 微型贴片收音机电路的安装**

FM 微型贴片收音机电路的安装详见任务实施。

**6. FM 微型贴片收音机的外观**

FM 微型贴片收音机的外观如图 4-3-3 所示。

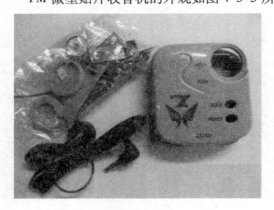

图 4-3-2　FM 微型贴片收音机的材料

图 4-3-3　FM 微型贴片收音机的外观

**7. 主要元器件清单**

主要元器件清单见表 4-3-1。

表 4-3-1　主要元器件清单

| 序号 | 名称 | 型号/规格 | 代号 | 数量 | 序号 | 名称 | 型号/规格 | 代号 | 数量 |
|---|---|---|---|---|---|---|---|---|---|
| 1 | 贴片集成电路 | SC1088 | IC | 1块 | 27 | 贴片电容器 | 223 | $C_{11}$ | 1只 |
| 2 | 贴片晶体管 | 9014 | $VT_1$ | 1只 | 28 | 贴片电容器 | 104 | $C_{12}$ | 1只 |
| 3 | 贴片晶体管 | 9012 | $VT_2$ | 1只 | 29 | 贴片电容器 | 471 | $C_{13}$ | 1只 |
| 4 | 变容二极管 | BB910 | VD | 1只 | 30 | 贴片电容器 | 33P | $C_{14}$ | 1只 |
| 5 | 发光二极管 | | VL | 1只 | 31 | 贴片电容器 | 82P | $C_{15}$ | 1只 |
| 6 | 磁珠电感器 | 4.7μH | $L_1$ | 1只 | 32 | 贴片电容器 | 104 | $C_{16}$ | 1只 |
| 7 | 色环电感器 | 4.7μH | $L_2$ | 1只 | 33 | 插件电容器 | 332 | $C_{17}$ | 1只 |
| 8 | 空心电感器 | 78nH 8圈 | $L_3$ | 1只 | 34 | 电解电容器 | 100μF φ6mm×6mm | $C_{18}$ | 1只 |
| 9 | 空心电感器 | 70nH 5圈 | $L_4$ | 1只 | | | | | |
| 10 | 耳机 | 32Ω×2 | $E_1$ | 1个 | 35 | 插件电容器 | 223 | $C_{19}$ | 1只 |
| 11 | 贴片电阻器 | 15kΩ | $R_1$ | 1只 | 36 | 导线 | φ0.8mm×6mm | | 2根 |
| 12 | 贴片电阻器 | 154 | $R_2$ | 1只 | 37 | 前盖 | | | 1个 |
| 13 | 贴片电阻器 | 122 | $R_3$ | 1只 | 38 | 后盖 | | | 1个 |
| 14 | 贴片电阻器 | 562 | $R_4$ | 1只 | 39 | 电位按钮 | （内、外） | | 各1个 |
| 15 | 插件电阻器 | 681 | $R_5$ | 1只 | 40 | 按钮 | | SCAN键 | 1个 |
| 16 | 电位器 | 513 | RP | 1只 | 41 | 按钮 | | RESET键 | 1个 |
| 17 | 贴片电容器 | 222 | $C_1$ | 1只 | 42 | 电池片 | 正、负、连体片 | | 各1片 |
| 18 | 贴片电容器 | 104 | $C_2$ | 1只 | 43 | PCB | 55mm×22mm | | 1块 |
| 19 | 贴片电容器 | 221 | $C_3$ | 1只 | 44 | 按钮帽 | 6mm×6mm 2脚 | $S_1$、$S_2$ | 各2个 |
| 20 | 贴片电容器 | 331 | $C_4$ | 1只 | 45 | 耳机插座 | φ3.5mm | XS | 1个 |
| 21 | 贴片电容器 | 221 | $C_5$ | 1只 | 46 | 电位器螺钉 | φ1.0mm×5mm | | 1粒 |
| 22 | 贴片电容器 | 332 | $C_6$ | 1只 | 47 | 自攻螺钉 | φ2mm×8mm | | 1粒 |
| 23 | 贴片电容器 | 181 | $C_7$ | 1只 | 48 | 自攻螺钉 | φ2mm×5mm | | 1粒 |
| 24 | 贴片电容器 | 681 | $C_8$ | 1只 | 49 | 实习指导书 | 12页 | | 1份 |
| 25 | 贴片电容器 | 683 | $C_9$ | 1只 | 50 | | | | |
| 26 | 贴片电容器 | 104 | $C_{10}$ | 1只 | | | | | |

任务完成后需要提交的成果：FM微型贴片收音机的实物作品和工作报告。

## 任务实施

请根据任务要求，确定所需要的检测仪器、工具、元器件，并对小组成员进行合理分工，制订详细的安装步骤和测试计划。

1）编写组装迷你音响的工艺文件。

2）小组人员分工。

3）准备所需要的检测仪器、工具、元器件。

4）对电路进行安装前检查。

① SMB检查：图形是否完整，有无短、断缺陷；孔位及尺寸；表面涂覆（阻焊层）。

② 外壳及结构件检查：按材料单清查零件品种规格及数量（表面贴装元器件除外）；检查外壳有无缺陷及外观损伤；检查耳机。

③ THT 元器件检测：电位器阻值调节特性；LED、线圈、电解电容器、插座、开关的好坏；判断变容二极管的好坏和特性，如图 4-3-4c 所示。

5）贴片及焊接。

① 丝印焊膏，并检查印刷情况。

② 按工艺流程贴片。贴片顺序：$C_1/R_1$、$C_2/R_2$、$C_3/VT_1$、$C_4/VT_2$、$C_5/R_3$、$C_6/IC$、$C_7$、$C_8/R_4$、$C_9$、$C_{10}$、$C_{11}$、$C_{12}$、$C_{13}$、$C_{14}$、$C_{15}$、$C_{16}$。

注意：SMC（表面贴装元件）及 SMD（表面贴装器件）不得用手拿；用镊子夹持不得夹在引线上；SC1088 的标志方向；贴片电容器的表面没有标签，一定要保证准确、及时地贴到指定位置。

③ 检查贴片数量及位置。

④ 再流焊机焊接。

⑤ 检查焊接质量及修补。

6）安装 THT 元器件。

① 安装并焊接电位器 RP，注意电位器与 PCB 平齐。

② 安装耳机插座 XS。

③ 安装轻触开关 $S_1$、$S_2$，跨接线 $J_1$、$J_2$（可用剪下的元器件引线）。

④ 安装变容二极管 VD（注意极性方向标志，见图 4-3-4c）、$R_5$、$C_{17}$、$C_{19}$。

⑤ 安装电感线圈 $L_1 \sim L_4$，$L_1$ 用磁珠电感器，$L_2$ 用色环电感器，$L_3$ 用 8 匝空心线圈，$L_4$ 用 5 匝空心线圈。

⑥ 安装电解电容器 $C_{18}$（100μF，贴板装）。

⑦ 安装发光二极管 VL，注意高度，极性如图 4-3-4a、b 所示。

⑧ 焊接电源连接线 $J_3$、$J_4$，注意正、负连线的颜色。

7）调试。

① 目测检查：所有焊接完成后的元器件型号、规格、数量及安装位置、方向是否与图样相符；检查焊点有无虚焊、漏焊、桥接、飞溅等缺陷。

② 测总电流：上一步的检查无误后，将电源线焊接到电池片上；在电位器开关断开的状态下装入电池；插入耳机；用万用表 200mA（数字式）或 50mA 挡（指针式）跨接在开关两端测电流（见图 4-3-5）。用指针式万用表时注意表笔极性。正常电流应为 7 ~ 30mA（与电源电压有关），并且 LED 正常点亮，将测试数据记录于表 4-3-2。

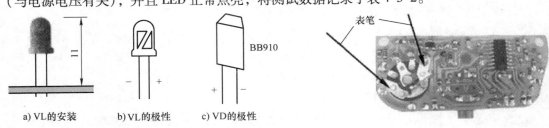

a) VL 的安装　　b) VL 的极性　　c) VD 的极性

图 4-3-4　发光二极管 VL 及变容二极管 VD 的示意图　　　　图 4-3-5　电流测试位置图

表4-3-2 收音机测试数据

| 工作电压/V | 1.8 | 2 | 2.5 | 3 | 3.2 |
|---|---|---|---|---|---|
| 工作电流/mA | | | | | |

注意：如果电流为 0 或超过 35mA，应检查电路。

③ 搜索电台广播：如果电流在正常范围，可按 $S_1$ 搜索电台广播。只要元器件完好、安装正确、焊接可靠，不用调任何部分即可收到电台广播。

如果无法收到电台广播，应仔细检查电路，特别要检查有无错装、虚焊、漏焊等缺陷。

④ 调节收频段（俗称调覆盖）：我国调频广播的频率为 87～108MHz，调试时可找一个当地频率最低的 FM 电台，适当改变 $L_4$ 的匝间距，使按过 $S_1$ 后，第一次按 $S_2$ 可收到这个电台。由于 SC1088 集成度高，如果元器件一致性好，一般收到低端电台后均可覆盖 FM 频段，可不调高端电台仅做检查（可用一个成品 FM 收音机对照检查）。

⑤ 调灵敏度：本机灵敏度由电路及元器件决定，一般不用调整，调好覆盖后即可正常收听。

8）总装。

① 蜡封线圈：调试完成后，将适量泡沫塑料填入线圈 $L_4$（注意不要改变线圈形状及匝数），滴入适量蜡使线圈固定。

② 固定 SMB/装外壳：将外壳面板平放到桌面上（注意不要划花上面板）；将 2 个按键帽放入孔内（见图 4-3-6）。然后将 SMB 对准位置放入壳内，注意对准 LED 的位置，若有偏差可轻轻掰动，偏差过大必须重焊；注意 3 个孔和外壳螺柱的配合；注意电源线不得妨碍机壳装配。拧上中间螺钉，注意螺钉旋入手法；装电位器旋钮，注意旋钮上的凹点位置；装后盖，拧上两边的 2 个螺钉。

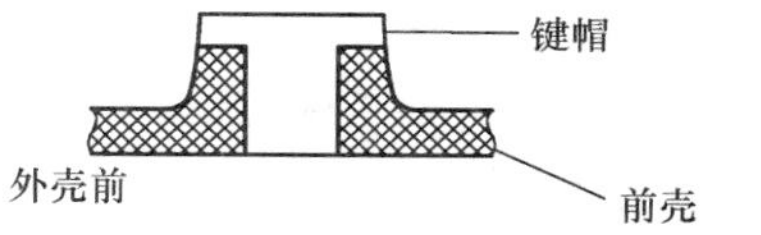

图 4-3-6 按键帽

9）检查。总装完毕后，装入电池，插入耳机进行检查，要求电源开关手感良好、音量正常可调、收听正常、表面无损伤。

### 知识链接

**1. SMT 概述**

SMT 是无需对 PCB 钻插装孔，直接将片式元器件或适合于表面组装的微型元器件贴焊到 PCB 基板表面规定位置上的装联技术。

由于各种贴片式元器件的几何尺寸和占空间体积比插装元器件小得多，这种组装形式具有结构紧凑、体积小、耐振动、抗冲击、高频特性和生产效率高等优点，采用双面贴装时密度是插件组装的 1/5 左右，从而使 PCB 面积节约了 60%～70%，重量减小 80% 以上。

SMT 是电子装联技术的发展方向，已成为世界电子整机组装技术的主流，我国 SMT 的应用起步于 80 年代初期，最初从美、日等国成套引进了 SMT 生产线用于彩电调谐器生产，随后用于录像机、摄像机及袖珍式高档多波段收音机、随身听等的生产中，近几年在计算机、通信设备、航空航天电子产品中也逐渐得到应用。

**2. SMT 简介**

（1）THT 与 SMT 的区别　THT 与 SMT 的区别见表4-3-3。

表 4-3-3　THT 与 SMT 的区别

| | 技术缩写 | 年代 | 代表元器件 | 安装基板 | 安装方法 | 焊接技术 |
|---|---|---|---|---|---|---|
| 通孔安装 | THT | 20 世纪60~70 年代 | 晶体管、轴向引线元器件 | 单、双面 PCB | 手工/半手工插装 | 手工浸泡 |
| | | 70~80 年代 | 单、双列直插 IC、轴向引线元器件编带 | 单面及多层 PCB | 自动插装 | 波峰焊浸焊手工焊 |
| 表面安装 | SMT | 20 世纪80年代开始 | SMC、SMD 片式封装 VSI、VLSI | 高质量 SMB | 自动贴片机 | 波峰焊再流焊 |

（2）THT 与 SMT 的安装尺寸比较　THT 与 SMT 的安装尺寸比较图4-3-7所示。

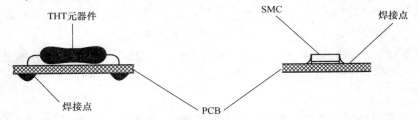

图 4-3-7　THT 与 SMT 的安装尺寸比较

**3. SMT 的特点**

（1）高密集性　SMC、SMD 的体积只有传统元器件的 1/3~1/10 左右，可以装在 PCB 的两面，有效利用了 PCB 的面积，减轻了 PCB 的重量。

（2）高可靠性　SMC 和 SMD 无引线或引线很短，重量轻，因而抗振动能力强，焊接点失效率可比 THT 降低一个数量级，大大提高了产品可靠性。

（3）高性能　SMT 密集安装减少了电磁干扰和射频干扰，尤其在高频电路中减少了分布参数的影响，提高了信号传输速度，改善了高频特性，使产品性能提高。

（4）高效率　SMT 更适合自动化大规模生产，采用计算机集成制造系统（CIMS）可使整个生产过程高度自动化，将生产效率提高到新的水平。

（5）低成本　SMT 使 PCB 面积减小，成本降低，无引线和短引线使 SMD、SMC 成本降低，安装中省去引线成形、打弯、剪线的工序；频率特性提高，减小调试费用，焊接点可靠性提高，调试维修成本可以下降30%以上。

**4. SMT 工艺简介**

SMT 有两种基本焊接方式。

1）波峰焊，如图4-3-8所示。

此种方式适合大批量生产，对贴片要求高，生产过程自动化程度要求也很高。

2）再流焊，如图4-3-9所示。

这种方式较为灵活，视配置设备的自动化程度，既可用于中、小型批量生产，又可用于大批量生产。

**5. SMT 元器件**

SMT 元器件由于安装方式不同，与 THT 元器件的主要区别在于外形封装。另一方面由

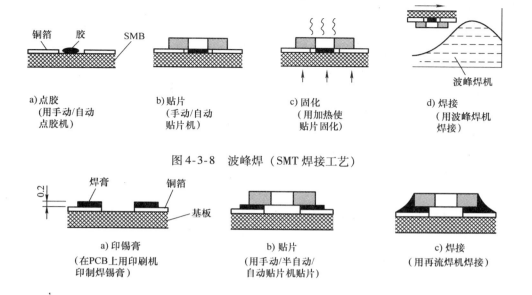

a)点胶
(用手动/自动
点胶机)

b)贴片
(手动/自动
贴片机)

c)固化
(用加热使
贴片固化)

d)焊接
(用波峰焊机
焊接)

波峰焊机

图 4-3-8　波峰焊（SMT 焊接工艺）

a)印锡膏
(在PCB上用印刷机
印制焊锡膏)

b)贴片
(用手动/半自动/
自动贴片机贴片)

c)焊接
(用再流焊机焊接)

图 4-3-9　再流焊（SMT 焊接工艺）

于 SMT 的重点在减小体积，故 SMT 元器件以小功率元器件为主。又因为大部分 SMT 元器件为片式，故通常又称片状元器件或表贴元器件。

1）表贴元件（SMC）包括表贴电阻器、电位器、电容器、开关、连接器等。使用最广泛的是表贴电阻器和表贴电容器。

① 表贴电阻器如图 4-3-10 所示，其厚度为 0.4 ~ 0.6mm。电阻值采用数码法直接标在元件上，阻值小于 10Ω 时用 R 代替小数点，如 8R2 表示 8.2Ω。

② 表贴电容器主要是陶瓷叠片独石结构，外形代码的含义与表贴电阻器相同。表贴电容器的元件厚度为 0.9 ~ 4.0mm。

图 4-3-10　表贴电阻器

2）表贴器件（SMD）包括表面贴装分立器件（二极管、晶体管、晶闸管等）和集成电路两大类。

**6. PCB SMB**

（1）SMB 的特殊要求

1）外观要求光泽平整，不能有翘曲或高低不平。

2）热胀系数小，导热系数高，耐热性好。

3）铜箔粘合牢固，抗弯强度高。

4）基板介电常数小，绝缘电阻高。

（2）焊盘设计　SMT 元器件的焊盘形状对焊点强度和可靠性关系重大，以表贴电阻器为例（见图 4-3-11）。

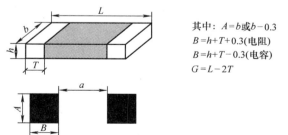

其中：$A = b$ 或 $b - 0.3$
$B = h + T + 0.3$(电阻)
$B = h + T - 0.3$(电容)
$G = L - 2T$

图 4-3-11　表贴电阻器的焊盘

**7. SMT 的焊接质量**

（1）SMT 的典型焊点　SMT 的焊接质量要求同 THT 基本相同，要求焊接点的钎料连接面呈半弓形凹面，焊件与焊件交接处平滑，接触角尽可能小，无裂纹、针孔、夹渣、表面有光泽且光滑。

由于 SMT 元器件尺寸小，安装精确度和密度高，焊接质量要求更高。另外还有一些特有缺陷，如立片（又称"墓碑"现象、曼哈顿现象）。图 4-3-12 和图 4-3-13 分别是两种典型焊点。

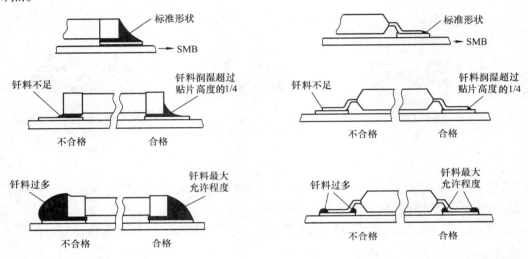

图 4-3-12　矩形贴片焊点形状　　　　　　图 4-3-13　IC 贴片焊点形状

（2）SMT 元器件的常见焊点缺陷　几种常见 SMT 元器件焊接缺陷如图 4-3-14 所示。采用再流焊工艺时，焊盘设计和焊膏印制对控制焊接质量起关键作用，例如立片主要是两个焊盘上焊膏不均，一边焊膏太少甚至漏印而造成。

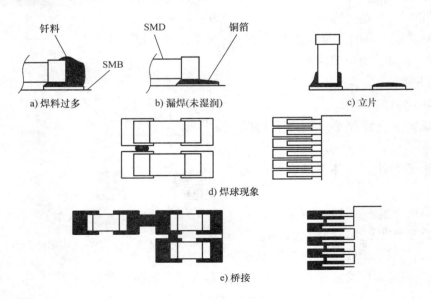

图 4-3-14　常见 SMT 元器件焊接缺陷

**8. SMT 设备**

1）高速贴片机，如图 4-3-15 所示。

图 4-3-15　高速贴片机

2）回焊炉，如图 4-3-16 所示。

图 4-3-16　回焊炉

3）锡膏印刷机，如图 4-3-17 所示。

图 4-3-17　锡膏印刷机

4）波峰焊机，如图 4-3-18 所示。

电子产品生产工艺与管理

图 4-3-18　波峰焊机

## 任务评价

FM 微型贴片收音机的装配与调试任务评价表见表4-3-4。

表4-3-4　FM 微型贴片收音机的装配与调试任务评价表

| 类别 | 项目 | 配分 | 内容 | 自评 | 互评 | 老师评价 |
|---|---|---|---|---|---|---|
| 专业能力 | 安全操作 | 5 | 1. 元器件的识别、检查 | | | |
| | | 10 | 2. 元器件布局合理、接线正确 | | | |
| | | 5 | 3. 制作过程中无元器件烧毁 | | | |
| | | 5 | 4. 仪器仪表使用正确 | | | |
| | 完成制作 | 10 | 1. 产品功能完整 | | | |
| | | 5 | 2. 解决任务书上的问题 | | | |
| | | 5 | 3. 展示说明 | | | |
| | | 5 | 4. 发现创新 | | | |
| | 效率 | 10 | 在规定的时间内完成学习产品，产品能正确完成相应的功能，外形美观 | | | |
| 方法能力和社会能力 | 分工合作与履职情况 | 55 | 1. 组长分工合理，每个组员都能明确自己的职责，组员之间配合默契<br>2. 每个组员都能认真完成任务，并履行学习活动中的相关职责 | | | |
| | 纪律与卫生 | 15 | 按时到岗、遵守课堂纪律，各小组学习环境卫生保持良好 | | | |
| | 安全及7S管理 | 10 | 着工装、标志牌，遵守安全操作规程，符合7S管理的要求 | | | |
| | 礼仪 | 5 | 着装整齐清洁，仪容仪表规范，问候、回答问题及作品展示自然、大方、礼貌 | | | |

| 开始时间 | | | 结束时间 | | 实际时间 | | 成绩 | |
|---|---|---|---|---|---|---|---|---|
| 评价意见（教师） | | | | | | | | |
| 自评学生 | | | 日期 | | 互评学生 | | | |

## 思考与练习

**一、填空题**

1. 电子产品由于调试或维修的原因，常需要把少数元器件通过拆焊换掉，拆焊时一般采用_____和_____两种方法。

2. 整机调试包括：_____、_____、_____、_____、_____、_____、_____。

3. 整机装配中元器件插装应遵循_____、_____、_____、_____的原则。

4. 整机装配中元器件采用立式安装时，元器件引线距离 PCB 的距离是_____。

5. 民声器件的分类有_____、_____、_____。

**二、选择题**

1. 可焊性处理——镀锡是为了（　　）。

A. 防氧化　　　　　B. 美观　　　　　C. 连接方便　　　　　D. 减少锡容量

2. 对于存放时间较长的塑料护套多股铜芯软导线，在焊接入 PCB 前应（　　）。

A. 刮净导体表面的氧化层　　　　B. 清除导体表面的污垢

C. 绞紧多股导体后镀锡　　　　　D. 打结增加机械强度

E. 对导体表面涂松香水　　　　　F. 对导体表面预热

3. 下面几种情况将会影响焊接质量的是（　　）。

A. 焊盘涂松香酒精偏多　　　　B. 被焊面有油污或存在氧化层

C. 焊接点旁边有松香痂　　　　D. 加热时间过长造成助焊剂挥发失效

E. 加热时间不够　　　　　　　F. 焊盘形状不规整

4. PCB 装配图（　　）。

A. 只有元器件位号，没有元器件型号　　B. 有元器件型号，没有元器件位号

C. 有元器件型号和位号　　　　　　　　D. 没有元器件型号和位号

5. 面板、机壳的装配程序应该是（　　）。

A. 先大后小　　　B. 先外后里　　　C. 先重后轻　　　　D. 先小后大

6. 开关按结构分为滑动开关、钮子开关、拨动开关、按钮和（　　）。

A. 录放开关　　　B. 薄膜开关　　　C. 预选开关　　　　D. 控制开关

**三、判断题**

1. 产品安装过程中要考虑足够的机械强度。　　　　　　　　　　　　　　（　　）

2. 若没有同型号的整流二极管可以替换，通常的规律是：高耐压值代替低耐压值。

（　　）

3. SMT 的组装类型按焊接方式可分为再流焊和波峰焊、浸焊 3 种主要类型。　（　　）

**四、简答题**

1. 开关按用途可分为哪些？

2. 开关的主要参数有哪些？

# 项目五 电子产品生产管理

本项目学习要点：
1）介绍电子产品的特点、电子产品生产组织形式以及电子新产品的开发。
2）学习电子产品生产管理中各类文件的概念、分类、作用及管理知识。
3）学习电子产品的 ISO 9000 质量管理和质量标准，以及电子产品生产管理等知识。

## 任务一 电子产品生产技术管理

### 知识目标
1）学会电子整机产品生产工艺文件的识读方法。
2）学会各种电子整机产品工艺文件的格式要求。
3）学会电子整机产品生产工艺文件的编写方法。

### 技能目标
1）能说出各种电子整机产品生产工艺文件的名称和作用。
2）能按照电子整机产品生产工艺卡进行实际电子整机产品的生产。

### 情感目标
具备企业需要的基本职业道德和素质——工作细心、规范操作。

### 任务描述

本任务通过对超外差式调幅收音机电子整机产品生产工艺文件的识读，学习电子整机产品工艺文件的内容，对各种类型的电子整机产品工艺文件进行分类，从而对电子整机产品生产工艺卡的作用有明确的认识，并学会编写简单的电子产品生产工艺文件。

### 任务实施

1）学习工艺文件的分类。
2）学习电子产品整机工艺文件的内容。
3）学习电子产品整机工艺文件的编写格式。
4）编写工艺文件封面。
5）编写工艺文件目录。
6）编写元器件明细工艺表。
7）编写导线及线扎加工表。

8）编写装配工艺过程卡。

9）编写工艺说明及简图工艺文件。

## 知识链接

**1. 电子整机产品生产工艺文件的种类**

工艺文件是企业组织生产、指导工人操作和用于生产、工艺管理等的各种技术文件的总称。它是产品加工、装配、检验的技术依据，也是企业组织生产、产品经济核算、质量控制和工人加工产品的主要依据。

工艺文件与设计文件同是指导生产的文件，两者是从不同角度提出要求的。设计文件是原始文件，是生产的依据；而工艺文件是根据设计文件提出的加工方法，以实现设计图样上的要求并以工艺规程和整机工艺文件图样指导生产，以保证任务的顺利完成。

根据电子整机产品的特点，工艺文件通常可分为工艺管理文件和工艺规程文件两大类。

（1）工艺管理文件　工艺管理文件是企业组织生产、进行生产技术准备工作的文件，它规定了产品的生产条件、工艺路线、工艺流程、工具设备、调试及检验仪器、工艺装置、材料消耗定额和工时消耗定额。表 5-1-1 是生产 S753 型台式收音机所需要调试及检验仪器的明细表；表 5-1-2 是生产 S753 型台式收音机所需要工具的明细表。

表 5-1-1　生产 S753 台式收音机所需要的调试及检验仪器明细表

| 仪器仪表明细表 | | | 产品型号和名称 | | 产品图号 |
|---|---|---|---|---|---|
| | | | S753 型台式收音机 | | No. 2. 025. 105 |
| 序号 | 型号 | 名称 | 数量 | | 备注 |
| 1 | | 高频信号发生器 | 4 | | |
| 2 | | 示波器 | 4 | | |
| 3 | | 3V 稳压源 | 4 | | |
| 4 | | 真空管毫伏表 | 4 | | |
| 5 | | 500 型万用表 | 6 | | |
| 6 | | 数字式万用表 | 1 | | |

| 旧底图总号 | 更改标记 | 数量 | 更改单号 | 签名 | 日期 | | 签名 | 日期 | 第/页 |
|---|---|---|---|---|---|---|---|---|---|
| | | | | | | 拟制 | | | |
| | | | | | | 审核 | | | 共/页 |
| 底图总号 | | | | | | | | | |
| | | | | | | 标准化 | | | 第册　第/页 |

（2）工艺规程文件　工艺规程文件是规定产品制造过程和操作方法的技术文件，它主要包括零件加工工艺、元器件装配工艺、导线加工工艺、调试及检验工艺和各工艺的工时定额。

**2. 电子整机产品生产工艺文件的内容**

在电子整机产品的生产过程中一般包含准备工序、流水线工序和调试检验工序，工艺文件应按照工序编制具体内容。编制工艺文件应在保证产品质量和有利于稳定生产的条件下，以最经济、最合理的工艺手段进行加工为原则。

表 5-1-2　生产 S753 型台式收音机所需要工具的明细表

| 工位器具明细表 | | | 产品名称或型号 | 产品图号 |
| --- | --- | --- | --- | --- |
| | | | S753 型台式收音机 | NO. 2. 025. 105 |
| 序号 | 型号 | 名称 | 数量 | 备注 |
| 1 | SL－A 型 60W | 60W 手枪式电烙铁 | 10 | |
| 2 | SL－A 型 61W | 烙铁芯 | 10 | |
| 3 | SL－A 型 62W | 烙铁头 | 10 | |
| 4 | | 25W 内热式电烙铁 | 10 | |
| 5 | | 烙铁芯 | 10 | |
| 6 | | 长寿命电烙铁 | 10 | |
| 7 | | 气动剪刀 | 3 | |
| 8 | | 气动剪刀头 | 3 | |
| 9 | | 气动螺钉旋具 | 10 | |
| 10 | | 十字槽气动螺钉旋具头 | 10 | |
| 11 | | 4" 一字槽螺钉旋具 | 20 | |
| 12 | | 4" 十字槽螺钉旋具 | 20 | |
| 13 | | 锋钢剪刀 | 10 | |
| 14 | | 不锈钢镊子 | 20 | |
| 15 | | 125mm 尖嘴钳 | 20 | |
| 16 | | 125mm 斜嘴钳 | 5 | |
| 17 | | 500mm 钢皮尺 | 2 | |
| 18 | | 150mm 钢皮尺 | 2 | |
| 19 | | 电子秒表 | 1 | |
| 20 | | 0. 82 ~ 0. 87 密度计 | 4 | |
| 21 | | 密度计玻璃吸管 | 4 | |
| 22 | | 1 ~ 2L 塑料量杯 | 2 | |
| 23 | | 80mm、120mm 搪瓷方盒 | 2 | |
| 24 | | 塑料点漆壶 | 1 | |
| 25 | | 元器件料盒 | 300 | |
| 26 | 480 × 360 × 120 | 塑料存放箱 | 10 | |
| 27 | | 不锈钢汤勺 | 1 | |

| 旧底图总号 | 更改标记 | 数量 | 更改单号 | 签名 | 日期 | | 签名 | 日期 | |
| --- | --- | --- | --- | --- | --- | --- | --- | --- | --- |
| | | | | | | 拟制 | | | 第1页 |
| | | | | | | 审核 | | | |
| 底图总号 | | | | | | | | | 共2页 |
| | | | | | | 标准化 | | | |
| | | | | | | | | | 第1图 第9页 |

（1）准备工序工艺文件的编制内容 准备工序工艺文件的编制内容有：元器件的筛选、元器件引脚的成形和搪锡、线圈和变压器的绕制、导线的加工、线把的捆扎、地线成形、电缆制作、剪切套管、打印标志等。这些工作不适合流水线装配，应按工序分别编制相应的工艺文件。

（2）流水线工序工艺文件的编制内容 流水线工序工艺文件的编制内容主要是针对电子整机产品的装配和焊接工序，这道工序大多在流水线上进行。编制的内容如下：

1）确定流水线上需要的工序数目。这时应考虑各工序的平衡性，其劳动量和工时应大致接近。例如，收音机 PCB 的组装焊接，可按局部分片分工制作。

2）确定每个工序的工时。一般小型机每个工序的工时不超过 5min，大型机不超过 30min，再进一步计算日产量和生产周期。

3）工序顺序应合理。要考虑操作的省时、省力、方便，尽量避免让工件来回翻动和重复往返。

4）安装和焊接工序应分开。每个工序尽量不使用多种工具，以便工人操作，易熟练掌握，保证优质高产。

（3）调试检验工序工艺文件的编制内容 调试检验工序工艺文件的编制内容应标明测试仪器、仪表的种类、等级标准及连接方法，标明各项技术指标的规定值及其测试条件和方法，明确规定该工序的检验项目和检验方法。

**3. 工艺文件的格式和内容**

工艺文件包括专业工艺规程、各具体工艺说明及简图、产品检验说明（方式、步骤、程序等），这类文件一般有专用格式，具体包括工艺文件封面、工艺文件目录、工艺文件更改通知单、工艺文件明细表。

（1）工艺文件的格式 电子整机产品工艺文件的格式现在基本按照电子行业标准 SJ/T 1324—92 执行，应根据具体电子整机产品的复杂程度及生产的实际情况，按照规范进行编写，并配齐成套，装订成册。

（2）工艺文件的格式要求

1）工艺文件要有一定的格式和幅面，图幅大小应符合有关标准，并保证工艺文件的成套性。

2）文件中的字体要正规，图形要正确，书写应清楚。

3）所用产品的名称、编号、图号、符号、材料和元器件代号等应与设计文件保持一致。

4）安装图在工艺文件中可以按照工序全部绘制，也可以只按照各工序安装件的顺序，参照设计文件安装。

5）线把图尽量采用 1:1 图样，以便于准确捆扎和排线。大型线把可用几幅图纸拼接，或用剖视图标注尺寸。

6）在装配接线图中连接线的接点要明确，接线部位要清楚，必要时产品内部的接线可假设移出展开。各种导线的标志由工艺文件决定。

7）工序安装图基本轮廓相似、安装层次表示清楚即可，不必全按实样绘制。

8）焊接工序应画出接线图，各元器件的焊接点方向和位置应画出示意图。

9）编制成的工艺文件要执行审核、批准等手续。

10）当设备更新和进行技术革新时，应及时修订工艺文件。

（3）工艺文件的封面及其内容　工艺文件的封面如图 5-1-1 所示。

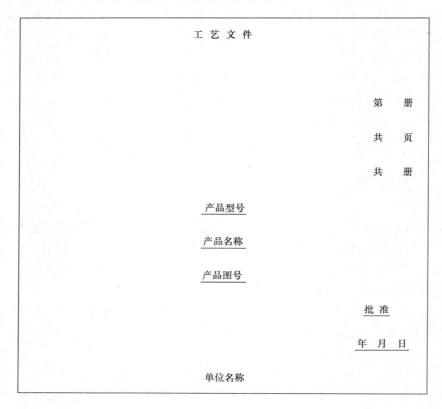

图 5-1-1　工艺文件的封面

工艺文件的封面在工艺文件装订成册时使用。简单的电子设备可按整机装订成一册，复杂的电子设备可按分机单元分别装订成册，按"共×册"填写工艺文件的总册数；"第×册"填写该册在全套工艺文件中的序号；"共×页"填写该册的总页数；"产品型号"、"产品名称"、"产品图号"分别填写产品型号、名称、图号；最后执行批准手续，并填写批准日期。

（4）工艺文件的目录及其内容

工艺文件的目录又称为工艺文件明细表，见表 5-1-3。

工艺文件目录是供装订成册的工艺文件编写目录用的，它反映了电子产品工艺文件的齐套性。在填写目录的时候，"产品名称或型号"、"产品图号"应与封面的型号、名称、图号保持一致；在"拟制"、"审核"栏中应由有关职能人员签署姓名和日期；在"更改标记"栏内填写更改事项；在"底图总号"栏内，填写被本底图所代替的旧底图总号；"文件代号"栏填写文件的简号，不必填写文件的名称；"第×页"、"共×页"填写该目录在文件中的页数和文件的总页数。

工艺文件的目录表既可作为移交工艺文件的清单，也便于查阅每一种组件、部件和零件所具有的各种工艺文件的名称、页数和装订次序。

**表 5-1-3　工艺文件的目录**

| 工艺文件目录 | | | 产品名称或型号 | | 产品图号 |
|---|---|---|---|---|---|
| | | | ×××彩色电视机 | | |
| 序号 | 产品代号 | 零、部、整件图号 | 零、部、整体图号 | 页数 | 备注 |
| 1 | $G_1$ | | 工艺文件封面 | 1 | |
| 2 | $G_2$ | | 工艺文件目录 | 2 | |
| 3 | $G_3$ | | 元件明细工艺表 | 3 | |
| 4 | $G_4$ | | 导线及线扎加工表 | 4 | |
| 5 | $G_5$ | | 装配工艺过程卡 | 5 | |
| 6 | $G_6$ | | 工艺说明及简图 | 6 | |
| | | | | | |
| | | | | | |
| | | | | | |
| | | | | | |
| | | | | | |

| 底图总号 | 更改标记 | 数量 | 文件代号 | 签名 | 日期 | 签名 | 日期 | |
|---|---|---|---|---|---|---|---|---|
| | | | | | | | | 第2页 |
| | | | | | | 拟制 | | |
| | | | | | | 审核 | | |
| | | | | | | | | 共6页 |

（5）元器件工艺表及其内容　为提高插装效率，对购进的元器件要进行预处理加工而编制的元器件加工汇总表称为元器件工艺表，它是供整机产品、分机、整件、部件内部电器连接的准备工艺使用的。表 5-1-4 是某电子整机产品的元器件插件工艺表，它给出了元器件加工所需要的工具、元器件插装前的准备工作、元器件的插装要求。

（6）导线及线扎加工表及其内容　导线及线扎加工表列出了整机产品所需的各种导线和线扎等线缆用品，供操作人员在进行导线准备、线扎加工准备和排线准备时使用。在"编号"栏中，填写导线的编号或线扎图中导线的编号；在"名称、规格"、"颜色"、"数量"栏中填写材料的名称规格、颜色、数量；在"L 全长"、"A 端"、"B 端"、"A 剥头"、

"B剥头"栏中，分别填写导线的开线尺寸，扎线A、B端的甩端长度及剥头长度；在"去向、焊接处"栏中，填写该导线的焊接去向。

表 5-1-4　某电子整机产品的的元器件插件工艺表

| | | 工艺文件名称 | 产品名称 |
|---|---|---|---|
| 工艺说明 | | 插件工艺规范 | ×××<br>产品型号<br>××× |

一、工具

镊子1把；

钢皮尺1只。

二、插件前准备

1. 核对元器件型号、规格、标称值是否与配套明细表中规定相符，并将元器件按插件的顺序放入料盒，要求每天上、下午插件前各核对一次。

2. 核对元器件的形状及引脚的长度是否符合预成型工艺要求。

三、装插要求

1. 卧式安装的元器件

（1）一般电阻器、二极管、跨接线要求自然平贴于PCB上（见图a），注意用力均匀，以免人为造成电阻器、二极管折断。

（2）有散热要求的二极管、大功率电阻器引脚需作单弯曲整形，插入PCB后弯曲处底部应紧贴板面（如图b）

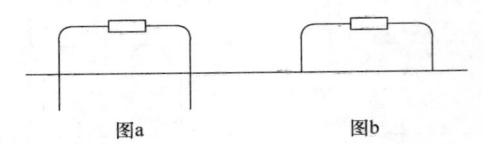

图a　　　　　　　　图b

2. 立式安装的元器件

（1）小、中功率晶体管插入PCB后，管座与板面的距离 $a$ 为 5～7mm，要求插正，不允许明显歪斜。

（2）圆片瓷介电容器（包括类似形状的电容器）的预成型有单弯曲及双弯曲整形两种，凡属单弯曲整形的，插入PCB后弯曲底部应紧贴板面。

| 旧底图总号 | 更改<br>标记 | 数量 | 更改<br>单号 | 签名 | | 签名 | 日期 | 第1页 | |
|---|---|---|---|---|---|---|---|---|---|
| | | | | | 拟制 | | | | |
| | | | | | 审核 | | | 第2页 | |
| 底图总号 | | | | | | | | | |
| | | | | | 标准化 | | | | |
| | | | | | | | | 第2册 | 第5页 |

某电子整机产品的导线及线扎加工表见表5-1-5。

表5-1-5　某电子整机产品的导线及线扎加工表

| 导线及线扎加工表 | | | | 产品型号及名称 | | | | | 产品图号 | | |
| --- | --- | --- | --- | --- | --- | --- | --- | --- | --- | --- | --- |
| | | | | ××× | | | | | ××× | | |
| 编号 | 名称、规格 | 颜色 | 数量 | 长度 | | | | | 去向、焊接处 | | 备注 |
| | | | | $L$ 全长 | A端 | B端 | A 剥头 | B 剥头 | A端 | B端 | |
| 1-1 | UL1007AGW6 导线 | 棕 | 1 | 160 | | | 8 | 8 | 基板 | 扬声器 | |
| 1-2 | UL1007AGW6 导线 | 黑 | 1 | 160 | | | 8 | 8 | 基板 | 扬声器 | |
| 1-3 | UL1007AGW6 导线 | 黑 | 1 | 160 | | | 8 | 8 | 基板 | 夹簧 | |
| 1-4 | UL1007AGW6 导线 | 黄 | 1 | 120 | | | 8 | 8 | 开关 | 电池板 | |
| 1-5 | UL1007AGW6 导线 | 红 | 1 | 60 | | | 8 | 8 | 开关 | 基板 | |

| 旧底图总号 | 更改标记 | 数量 | 更改单号 | 签名 | 日期 | | 签名 | 日期 | 第1页 | |
| --- | --- | --- | --- | --- | --- | --- | --- | --- | --- | --- |
| | | | | | | 拟制 | | | | |
| | | | | | | 审核 | | | 共1页 | |
| 底图总号 | | | | | | | | | | |
| | | | | | | 标准化 | | | 第1册 | 第15页 |

（7）工艺流程图及其内容　工艺流程图也称为工艺路线表，是电子产品在生产过程中做工艺路线的简明显示用，供企业有关部门作为组织生产的依据。工艺简图给出了该电子产品的工艺流程框图，例如某电子整机产品的工艺流程框图如图5-1-2所示。

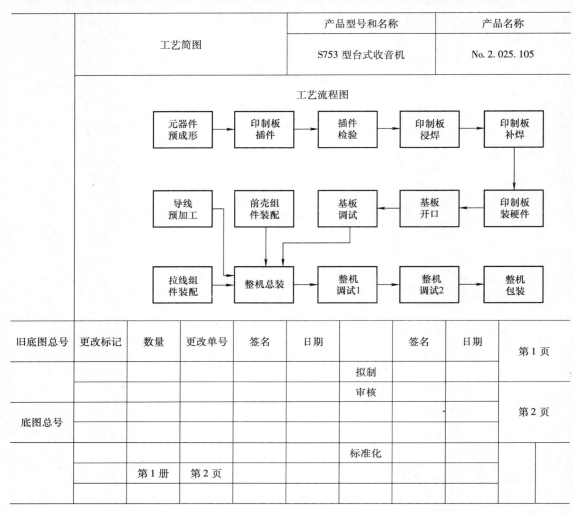

| 工艺简图 | | 产品型号和名称 | 产品名称 |
|---|---|---|---|
| | | S753 型台式收音机 | No. 2. 025. 105 |

工艺流程图

| 旧底图总号 | 更改标记 | 数量 | 更改单号 | 签名 | 日期 | | 签名 | 日期 | 第 1 页 |
|---|---|---|---|---|---|---|---|---|---|
| | | | | | | 拟制 | | | |
| | | | | | | 审核 | | | 第 2 页 |
| 底图总号 | | | | | | | | | |
| | | | | | | 标准化 | | | |
| | | 第 1 册 | 第 2 页 | | | | | | |
| | | | | | | | | | |

图 5-1-2　某台式收音机的工艺流程图

（8）工艺过程表及其内容　工艺过程表反映了在生产电子产品的过程中，各道生产工序的名称和任务。如 S753 型台式收音机的工艺过程表见表 5-1-6。

表 5-1-6　S753 型台式收音机的工艺过程表

| 工艺过程表 | | 产品名称或型号 | 计划日产量 |
|---|---|---|---|
| | | S753 型台式收音机 | 1000 台 |
| 序号 | 工位顺序号 | 作业内容 | 工艺文件编号 |
| 1 | 插件 1 | 插入元器件 7 个 | S753 专用工艺第 1 册第 16、23 页 |
| 2 | 插件 2 | 插入元器件 7 个 | S753 专用工艺第 1 册第 17、23 页 |
| 3 | 插件 3 | 插入元器件 7 个 | S753 专用工艺第 1 册第 18、23 页 |
| 4 | 插件 4 | 插入元器件 7 个 | S753 专用工艺第 1 册第 19、23 页 |
| 5 | 插件 5 | 插入元器件 7 个 | S753 专用工艺第 1 册第 20、23 页 |
| 6 | 插件 6 | 插入元器件 7 个 | S753 专用工艺第 1 册第 21、23 页 |

（续）

| 工艺过程表 | | 产品名称或型号 | 计划日产量 |
|---|---|---|---|
| | | S753 型台式收音机 | 1000 台 |
| 序号 | 工位顺序号 | 作业内容 | 工艺文件编号 |
| 7 | 插件 7 | 插入元器件 7 个 | S753 专用工艺第 1 册第 22、23 页 |
| 8 | 插件检验 | 检验插件工艺质量 | 装联通用工艺第 2 册第 7 页 |
| 9 | 浸焊 | PCB 焊接 | 装联通用工艺第 2 册第 8～11 页 |
| 10 | 补焊 1 | 补修焊点 | S753 专用工艺第 1 册第 24、26 页 |
| 11 | 补焊 2 | 补修焊点 | S753 专用工艺第 1 册第 25、26 页 |
| 12 | 装硬件 1 | 装双联 | S753 专用工艺第 1 册第 27、28 页 |
| 13 | 装硬件 2 | 装开关电位器、磁棒支架 | S753 专用工艺第 1 册第 29、30 页 |
| 14 | 装硬件 3 | 装焊线图 | S753 专用工艺第 1 册第 31 页 |
| 15 | 开口 | 测量工作点、整机电流 | S753 专用工艺第 1 册第 48 页 |
| 16 | 基板调试 | 调中频 | S753 专用工艺第 1 册第 49 页 |
| 17 | 总装 1 | 装刻度支架、拉线盒 | S753 专用工艺第 1 册第 36、37 页 |
| 18 | 总装 2 | 绕拉线、焊线 | S753 专用工艺第 1 册第 38、39 页 |
| 19 | 总装 3 | 装刻度线、指针 | S753 专用工艺第 1 册第 40、41 页 |
| 20 | 总装 4 | 焊扬声器线、整理 | S753 专用工艺第 1 册第 42 页 |
| 21 | 总装 5 | 紧圆扬声器、整理 | S753 专用工艺第 1 册第 43、44 页 |
| 22 | 总装 6 | 装夹板、夹簧、焊电源线 | S753 专用工艺第 1 册第 45、46 页 |
| 23 | 整机调试 | 调频率范围 | S753 专用工艺第 1 册第 50 页 |
| 24 | 整机调试 | 检查跟踪点 | S753 专用工艺第 1 册第 51、52 页 |
| 25 | 整机包装 | 装旋钮、后盖、包装 | S753 专用工艺第 1 册第 47 页 |

| 旧底图总号 | 更改标记 | 数量 | 更改单号 | 签名 | 日期 | | 签名 | 日期 | 第 1 页 | |
|---|---|---|---|---|---|---|---|---|---|---|
| | | | | | | 拟制 | | | | |
| | | | | | | 审核 | | | 共 1 页 | |
| 底图总号 | | | | | | | | | | |
| | | | | | | 标准化 | | | 第 1 册 | 第 4 页 |

（9）装配工艺卡及其内容　装配工艺卡是整机装配过程中的重要文件，它反映了该道工序的具体任务，供操作人员在机械装配和电气装配时使用。在"装入件及辅助材料名称、型号、规格"栏中，填写具体的元器件名称及其规格；在"数量"栏中填写该规格元器件的数量；在"工艺要求"栏中，填写具体的工艺要求或者是指出该工艺要求的具体文件；在"工装名称"栏中，填写工装的具体名称或者是工具的名称。某电子整机产品在插件（4）工序上的装配工艺卡见表 5-1-7。

表 5-1-7 某电子整机产品的装配工艺卡

| 装配工艺卡片 | | 工序名称 | 产品名称 |
|---|---|---|---|
| | | | ××× |
| | | 插件（4） | 产品型号 |
| | | | ××× |
| 序号 | 装入件及辅助材料<br>名称、型号、规格 | 数量 | 工艺要求 | 工装名称 |
| $R_5$ | 电阻器 RT14 – 0.25W – 470Ω | 1 | | 镊子 |
| $R_8$ | 电阻器 RT14 – 0.25W – 470Ω | 1 | （1）插件位置见"插件简图"第 8 页第四部分<br>（2）插入工艺要求见通用工艺"插件工艺规范" | 剪刀 |
| $C_2$ | 电容器 CC1 – 63V – 0.022μF | 1 | | |
| $C_9$ | 电容器 CC1 – 63V – 0.022μF | 1 | | |
| $C_{10}$ | 电容器 CD1 – 16V – 4.7μF | 1 | | |
| $C11$ | 电容器 CD1 – 16V – 4.7μF | 1 | | |
| $VT_4$ | 晶体管 S9013 | 1 | | |
| | | | | |
| | | | | |
| | | | | |

| 旧底图总号 | 更改标记 | 数量 | 更改单号 | 签名 | 日期 | | 签名 | 日期 | |
|---|---|---|---|---|---|---|---|---|---|
| | | | | | | 拟制 | | | 第 4 页 |
| | | | | | | 审核 | | | |
| 底图总号 | | | | | | | | | 共 8 页 |
| | | | | | | 标准化 | | | 第 1 册<br>第 19 页 |

**4. 实际电子整机产品工艺文件的编写**

这里以 R – 218T 型调频调幅收音机的装配为例，介绍电子整机产品工艺文件的具体编写方法。

（1）工艺文件封面的编写　R – 218T 型调频调幅收音机采用专用大规模集成电路 CXA1691MAM/FM，具有灵敏度高、选择性好、电源电压范围宽、整机输出功率大等特点。

图 5-1-3 列出了生产 R – 218T 型调频调幅收音机的工艺文件封面。

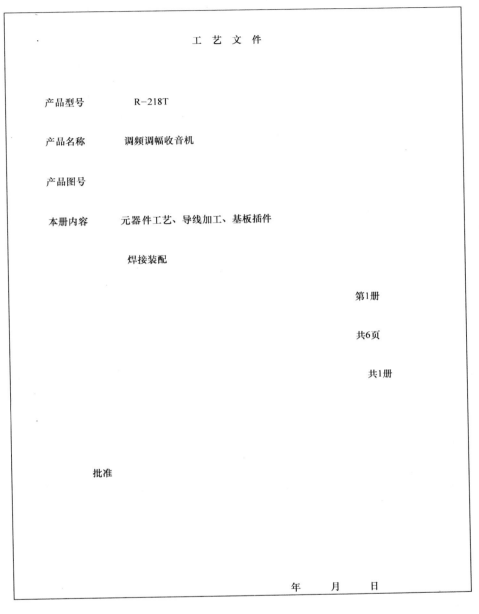

图 5-1-3  工艺文件封面

（2）工艺文件目录的编写  表 5-1-8 列出了生产 R－218T 型调频调幅收音机的工艺文
件目录。

表 5-1-8 工艺文件目录

| 工艺文件目录 | | | 产品名称或型号 | | 产品图号 |
| --- | --- | --- | --- | --- | --- |
| | | | R－218T 型调频调幅收音机 | | |
| 序号 | 产品代号 | 零、部、整件图号 | 零、部、整件图号 | 页数 | 备注 |
| 1 | G₁ | | 工艺文件封面 | 1 | |
| 2 | G₂ | | 工艺文件目录 | 2 | |
| 3 | G₃ | | 元器件明细工艺表 | 3 | |
| 4 | G₄ | | 导线及线扎加工表 | 4 | |
| 5 | G₅ | | 装配工艺卡 | 5 | |
| 6 | G₆ | | 工艺说明及简图 | 6 | |

| 底图总号 | 更改标记 | 数量 | 文件名 | 签名 | 日期 | | 签名 | 日期 | 第2页 |
| --- | --- | --- | --- | --- | --- | --- | --- | --- | --- |
| | | | | | | 拟制 | | | |
| | | | | | | 审核 | | | 共6页 |

（3）元器件明细工艺表的编写 表 5-1-9 列出了生产 R－218T 型调频调幅收音机的元器件明细工艺表。

表 5-1-9 元器件明细工艺表

| 元器件明细工艺表 | | | | | | 产品名称或型号 | | 产品图号 | |
| --- | --- | --- | --- | --- | --- | --- | --- | --- | --- |
| | | | | | | R－218T 型调频调幅收音机 | | | |
| 序号 | 位号 | 名称、型号、规格 | | L/mm | | 测量 | 设备 | 工时定额 | 备注 |
| 1 | R₁ | 电阻器 RT14－220Ω | A端 B端 | 正端 负端 | | 1 | | | |
| 2 | R₂ | 电阻器 RT14－2.2Ω | 1 1 | | | 1 | | | |
| 3 | R₃ | 电阻器 RT14－10kΩ | 1 1 | | | 1 | | | |
| 4 | C₇ | 电容器 CC1－1pF | 1 5 | | | 1 | | | |
| 5 | C₁ | 电容器 CC1－15pF | 1 1 | | | 1 | | | |
| 6 | C₂、C₃、C₄ | 电容器 CC1－30pF | 1 1 | | | 5 | | | |

（续）

| | | | | | | | 产品名称或型号 | | 产品图号 | |
|---|---|---|---|---|---|---|---|---|---|---|
| 元器件明细工艺表 | | | | | | | R－218T 型调频调幅收音机 | | | |
| 序号 | 位号 | 名称、型号、规格 | $L$/mm | | | | 测量 | 设备 | 工时定额 | 备注 |
| 7 | $C_8$ | 电容器 CC1－180pF | 1 | 1 | | | 1 | | | |
| 8 | $C_{17}$ | 电容器 CC1－13 | 1 | 1 | | | 1 | | | |
| 9 | $C_1$ | 电容器 CC1－473 | 1 | 1 | | | 1 | | | |
| 10 | $C_6$、$C_{21}$、$C_{22}$ | 电容器 CC1－14 | 1 | 1 | | | 3 | | | |
| 11 | $C_{16}$、$C_{18}$ | 电容器 CD1－1μF | 8 | 8 | | | 2 | | | |
| 12 | $C_9$、$C_{15}$ | 电容器 CD1－4.7μF | 8 | 8 | | | 2 | | | |
| 13 | $C_5$、$C_{19}$ | 电容器 CD1－1μF | 8 | 8 | | | 2 | | | |
| 14 | $C_{20}$、$C_{23}$ | 电容器 CD1－220μF | 8 | 8 | | | 2 | | | |
| 15 | $L_1$ | 0.17mm16 匝电感器 | 8 | 8 | | | 1 | | | |
| 16 | $L_2$ | 0.47mm7 匝电感器 | 8 | 8 | | | 1 | | | |
| 17 | $L_3$ | 0.6mm7 匝电感器 | 8 | 8 | | | 1 | | | |
| 18 | $L_4$ | 0.47mm7 匝电感器 | 8 | 8 | | | 1 | | | |
| 19 | $CF_1$ | L1.7A 陶瓷滤波器 | 8 | 8 | | | 1 | | | |
| 20 | $CF_2$ | 465 陶瓷滤波器 | 8 | 8 | | | 1 | | | |

简图

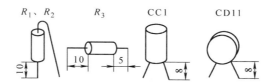

| 底图总号 | 更改标记 | 数量 | 文件名 | 签名 | 日期 | 签名 | | 日期 | 第3页 |
|---|---|---|---|---|---|---|---|---|---|
| | | | | | | 拟制 | | | |
| | | | | | | 审核 | | | 共6页 |
| 日期 | 签名 | | | | | | | | |
| | | | | | | | | | 第1册 |

（4）导线及线扎加工表的编写　表5-1-10 列出了生产 R－218T 型调频调幅收音机的导线及扎线加工表。

表 5-1-10　导线及线扎加工表

| 序号 | 线号 | 材料 | | | 导线修剥尺寸/mm | | | | 导线焊接处 | | 设备 | 工时定额 | 备注 |
|---|---|---|---|---|---|---|---|---|---|---|---|---|---|
| | | 导线及线扎加工表 | | | 产品名称或型号 R－218T 型 调频调幅收音机 | | | | | 产品图号 | | | |
| | | 名称规格 | 颜色 | | $L$ 全长 | A 剥头 | B 剥头 | 数量 | A 端焊接处 | B 端焊接处 | | | |
| 1 | $W_1$ | 塑料线 AVR1×12 | 红 | | 12 | 4 | 4 | 1 | PCB－A | PCB－B | | | |
| 2 | $W_2$ | 塑料线 AVR1×12 | 蓝 | | 24 | 4 | 4 | 1 | PCB－C | PCB－D | | | |
| 3 | $W_3$ | 塑料线 AVR1×12 | 黄 | | 24 | 4 | 4 | 1 | PCB－E | PCB－F | | | |
| 4 | $W_4$ | 塑料线 AVR1×12 | 白 | | 24 | 4 | 4 | 1 | PCB－G | PCB－H | | | |
| 5 | $W_5$ | 塑料线 AVR1×12 | 白 | | 24 | 4 | 4 | 1 | PCB－I | PCB－J | | | |
| 6 | $W_6$ | 塑料线 AVR1×12 | 白 | | 65 | 4 | 4 | 1 | PCB－K | PCB－L | | | |
| 7 | $W_7$ | 塑料线 AVR1×12 | 红 | | 90 | 4 | 4 | 1 | PCB－B | PCB－M | | | |
| 8 | $W_8$ | 塑料线 AVR1×12 | 白 | | 70 | 4 | 4 | 1 | PCB－N | 扬声器（－） | | | |
| 9 | $W_9$ | 塑料线 AVR1×12 | 黑 | | 70 | 4 | 4 | 1 | PCB－O | 扬声器（＋） | | | |
| 10 | $W_{10}$ | 塑料线 AVR1×12 | 白 | | 70 | 4 | 4 | 1 | PCB－P | 拉杆天线焊盘 | | | |

简图：

旧底图总号

| 底图总号 | 更改标记 | 数量 | 文件名 | 签名 | 日期 | 签名 | | 日期 | |
|---|---|---|---|---|---|---|---|---|---|
| | | | | | | | | | 第4页 |
| | | | | 拟制 | | | | | |
| | | | | 审核 | | | | | 共6页 |
| | | | | | | | | | |
| | | | | | | | | | 第1册 |

（5）装配工艺卡的编写　表 5-1-11 列出了生产 R－218T 型调频调幅收音机的装配工艺卡。

**表 5-1-11　装配工艺卡**

| 位号 | 装入件及辅助材料 | | | | 工种 | 工序（步骤） | 设备及工装 | 工时定额 | 备注 |
|---|---|---|---|---|---|---|---|---|---|
| | 装配工艺卡 | | | | 装配件名称 | | 装配件图号 | | |
| | | | | | 基板插件焊接工艺 | | | | |
| | 代号、名称、规格 | 数量 | 车间 | 工序号 | 内容及要求 | | 电烙铁 | | |
| $IC_1$ | CXA1691M 集成电路 | 1 | | 1 | 焊在 PCB 的铜箔面 | | 偏嘴钳 | | |
| $R_3$ | 电阻器 RT14 10kΩ | 1 | | 2 | 按装配图位号插、焊电阻 | | | | |
| $L_1$ | 0.47mm16 匝电感器 | 1 | | 3 | 按装配图位号 | | | | |
| $L_2$ | 0.47mm7 匝电感器（细） | 1 | | 3 | 按装配图位号 | | | | |
| $L_4$ | 0.6mm16 匝电感器 | 1 | | 3 | 按装配图位号 | | | | |
| $L_5$ | 0.47mm7 匝电感器（粗） | 1 | | 3 | 按装配图位号 | | | | |
| $R_1$ | 电阻器RT14－220Ω | 1 | | 4 | 按装配图位号 | | | | |
| $R_2$ | 电阻器 RT14－2.2kΩ | 1 | | 4 | 按装配图位号 | | | | |
| $C_7$ | 电容器 CC1－1pF | 1 | | 4 | 按装配图位号 | | | | |
| $C_1$ | 电容器 CC1－15pF | 1 | | 4 | 按装配图位号 | | | | |
| $C_2$、$C_3$、$C_4$ | 电容器 CC1－30pF | 1 | | 4 | 按装配图位号 | | | | |
| $C_8$ | 电容器 CC1－180pF | 1 | | 4 | 按装配图位号 | | | | |
| $C_{17}$ | 电容器 CC1－0.01pF | 1 | | 4 | 按装配图位号 | | | | |
| $C_1$ | 电容器 CC1－0.047pF | 1 | | 4 | 按装配图位号 | | | | |
| $C_6$、$C_{21}$、$C_{22}$ | 电容器 CC1－0.1pF | 3 | | 4 | 按装配图位号 | | | | |
| $C_{16}$、$C_{18}$ | 电容器 CC1－1pF | 2 | | 4 | 按装配图位号 | | | | |
| $C_9$、$C_{15}$ | 电容器 CC1－4.7pF | 2 | | 4 | 按装配图位号 | | | | |
| $C_5$、$C_{19}$ | 电容器 CC1－1pF | 2 | | 4 | 按装配图位号 | | | | |
| $C_{20}$、$C_{23}$ | 电容器 CC1－220pF | 2 | | 4 | 按装配图位号 | | | | |
| $CF_1$ | L1.7A 陶瓷滤波器 | 1 | | 5 | 按装配图位号 | | | | |
| $CF_2$ | 445B 陶瓷滤波器 | 1 | | 5 | 按装配图位号 | | | | |

（续）

| 位号 | 装入件及辅助材料 | | | | 装配件名称 | 装配件图号 | | | |
|---|---|---|---|---|---|---|---|---|---|
| | | | | | 基板插件焊接工艺 | | | | |
| | | | | | 工种 | 工序（步骤） | 设备及工装 | 工时定额 | 备注 |
| | 代号、名称、规格 | 数量 | 车间 | 工序号 | 内容及要求 | | 电烙铁 | | |
| T₁ | AM 本振线圈（红） | 1 | | 5 | 本振线圈、中周、耳机插口和音量开关电位器要插平后才可焊接 | | | | |
| T₂ | AM 中周（白） | 1 | | 5 | | | | | |
| T₃ | FM 鉴频中周（绿） | 1 | | 5 | | | | | |
| BE | 耳机插口 | 1 | | 6 | | | | | |
| RP | 音量开关电位器 | 1 | | 6 | | | | | |

旧底图总号

| 底图总号 | 更改标记 | 数量 | 文件名 | 签名 | 日期 | 签名 | 日期 | |
|---|---|---|---|---|---|---|---|---|
| | | | | | | | | 第5页 |
| | | | | | | 拟制 | | |
| | | | | | | 审核 | | 共6页 |
| | | | | | | | | |
| | | | | | | | | 第1册 |
| | | | | | | | | |

（6）工艺说明及简图工艺文件的编写　图5-1-4列出了生产 R－218T 型调频调幅收音机的工艺说明及简图。

**5. 电子产品的特点**

电子产品种类繁多，且又各具特点，就整体而言，比较突出的几点如下：

1）体积小、重量轻。

2）电子产品使用广泛。

3）电子产品设备的可靠性高。

| 工艺说明及简图 | | 名称 | 编号或图号 |
|---|---|---|---|
| | | R-218T型调频调幅收音机 | |
| | | 工艺名称 | 工序名称 |
| | | 基板插件装配图 | |

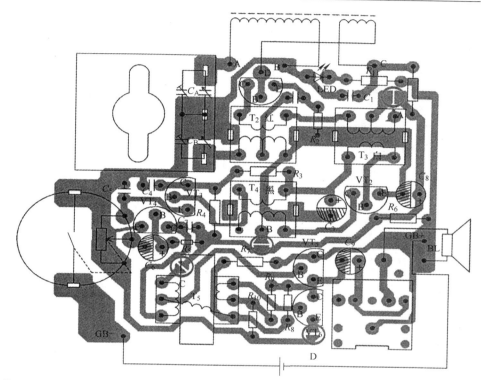

说明：本图所示为PCB的铜箔面(正面)，除集成电路外，其余元器件一律装PCB的背面。

| 底图总号 | 更改标记 | 数量 | 文件名 | 签名 | 日期 | 签名 | 日期 | 第6页 |
|---|---|---|---|---|---|---|---|---|
| | | | | | | 拟制 | | |
| | | | | | | 审核 | | 共6页 |
| | | | | | | | | 第一册 |

图 5-1-4　工艺说明及简图

4）使用寿命长。

5）一些电子产品设备的精度高，控制系统复杂。

6）技术综合性强。

7）产品更新快。

**6. 电子产品生产的基本要求**

电子产品的生产是指产品从研制、开发到推出的全过程。电子产品生产的基本要求包括：生产企业的设备情况、技术和工艺水平、生产能力和生产周期、生产管理水平。

**7. 电子产品生产的组织形式**

1）配备完整的技术文件、各种定额资料和工艺装备，为正确生产提供依据和保证。

2）制订批量生产的工艺方案。

3）进行工艺质量评审。

4）按照生产现场工艺管理的要求，积极采用现代化的、科学的管理办法，组织并指导产品的批量生产。

5）生产总结。

**8. 电子产品生产的标准化**

（1）标准与标准化的定义与关系

1）标准是衡量事物的准则，是人们从事标准化活动的理论总结，是对标准化本质特征的概括。

2）为适应科学发展和合理组织生产的需要，在产品质量、品种规格、零件部件通用等方面规定的统一技术标准，称为标准化。

3）标准和标准化二者是密切联系的。标准是标准化活动的核心，而标准化活动则是孕育标准的摇篮。

（2）电子产品生产中的标准化  电子产品生产中的标准化主要有以下5种：简化的方法、互换性的方法、通用化的方法、组合的方法和优选的方法。

（3）管理标准  管理标准是运用标准化的方法，对企业中具有科学依据而经实践证明行之有效的各种管理内容、管理流程、管理责权、管理办法和管理凭证等所制订的标准。主要包括：经营管理标准、技术管理标准、生产管理标准、质量管理标准、设备管理标准和生产组织标准。

生产组织标准就是进行生产组织形式的科学手段。它可以分为以下几类：生产的"期量"标准、生产能力标准、资源消耗标准和组织方法标准。

**9. 生产工艺的制订**

（1）工艺过程的含义  工艺过程是生产者利用生产设备和生产工具，对各种原材料、半成品进行加工或处理，使之成为符合技术要求的产品的技术过程，其贯穿于产品设计、制造的全过程。

通常，元器件加工工艺过程和装配工艺过程是电子产品制造企业的主要工艺过程。

（2）工艺过程的基本构成  工艺过程主要由工序、安装、工位、工步、进度等部分构成。

（3）生产工艺的制订（原则）

1）根据产品的批量、复杂程度制订生产工艺。

2）根据企业在产品加工、装配、检验等方面的技术力量情况进行生产工艺的制订。

3）根据企业的技术装备制订生产工艺。

4）根据原材料的供应、生产路线、生产过程、生产周期、生产调度等情况进行制订。

5）根据零部件、产品的特殊性来制订生产工艺。

6）根据企业的管理办法来制订生产工艺。

**10. 工艺管理**

（1）工艺管理的概念　企业的工艺管理是指在一定的生产方式和条件下，按一定的原则、程序和方法，科学地计划、组织、协调和控制各项工艺工作的全过程，是保证整个生产过程严格按工艺文件进行活动的管理科学。

工艺管理涉及产品的开发、产品的试制、生产管理、技术改造与推广、安全管理以及全面质量管理等多方面。

（2）工艺管理的内容

1）编制工艺发展计划，研究和开发新的工艺技术。

2）产品生产的工艺准备。

3）生产现场的工艺管理。

4）工艺纪律的管理。

5）生产管理。

6）质量管理。

7）开展工艺情报的收集、研究和开发工作。

8）工艺成果的申报、评定和奖励。

9）开展工艺标准化工作。

（3）工艺管理的意义　加强工艺管理，可提高产品质量，增加产品的市场竞争力。

我国原国家技术监督局于1992年10月决定，在我国等同采用ISO9000质量管理和质量保证国际标准系列（GB/T19000）。这对企业提高质量管理水平，增加产品的竞争能力，使我国电子工业工艺工作与国际接轨、走向世界新的起点，都具有十分重要的意义。

**11. 工艺文件的管理要求**

电子工艺文件的编制是根据生产产品的具体情况，按照一定的规范和格式完成的。为保证产品生产的顺利进行，应该保证工艺文件的完整齐全（成套性），并按一定的规范和格式要求汇编成册。

工艺文件的成册要求是指：对某项产品成套性工艺文件的装订成册要求。成册应有利于查阅、检查、更改、归档。

工艺文件应包含的主要项目内容包括：工艺文件封面、工艺文件目录、材料配套明细表、装配工艺卡、导线及线扎加工表、工艺说明及简图、检验卡。

**12. 工艺文件的编号与简号**

工艺文件的编号是指工艺文件的代号，简称"文件代号"。它由3个部分组成：企业区分代号、该工艺文件的编制对象（设计文件）的十进制分类编号和工艺文件检验规范简号，必要时工艺文件简号可加区分号予以说明，如图5-1-5所示。

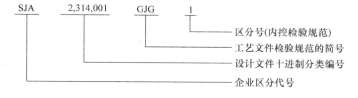

图5-1-5　工艺文件的编号与简号

## 任务评价

电子产品生产技术管理任务评价表见表 5- 1- 12。

表 5-1-12　电子产品生产技术管理任务评价表

| 类别 | 项目 | 配分 | 小组自评 | 小组互评 | 老师评价 |
|---|---|---|---|---|---|
| 专业能力 | 编写工艺文件封面 | 10 | | | |
| | 编写工艺文件目录 | 10 | | | |
| | 编写元件明细工艺表 | 10 | | | |
| | 编写导线及线扎加工表 | 10 | | | |
| | 编写装配工艺过程卡 | 10 | | | |
| | 编写工艺说明及简图工艺文件 | 10 | | | |
| 方法能力和社会能力 | 分工合作与履职情况 | 1. 组长分工合理，每个组员都能明确自己的职责，组员之间配合默契<br>2. 每个组员都能认真完成任务，并履行学习活动中的相关职责 | | | |
| | 纪律与卫生 | 按时到岗、遵守课堂纪律，各小组学习环境卫生保持良好 | | | |
| | 安全及7S管理 | 着工装、标志牌，遵守安全操作规程，符合7S管理的要求 | | | |
| | 礼仪 | 着装整齐清洁，仪容仪表规范，问候、回答问题及作品展示自然、大方、礼貌 | | | |

| 开始时间 | | 结束时间 | | 实际时间 | | 成绩 | |
|---|---|---|---|---|---|---|---|
| 评价意见（教师） | | | | | | | |
| 自评学生 | | 日期 | | | 互评学生 | | |

# 任务二　电子产品生产现场质量管理

## 任务目标

**知识目标**

1）了解现场质量管理的目标和任务，了解现场质量保证体系。

3）掌握现场质量管理工作的具体内容。

4）掌握文明生产及"5S"活动。

5）掌握保证现场质量的方法。

**情感目标**

具备企业需要的基本职业道德和素质——工作细心、规范操作。

## 任务描述

本任务主要学习电子企业"5S"管理和品质管理的基本原理，为学生从事企业管理岗位打下理论基础。

## 任务实施

1）学习现场质量管理的目标。

2）学习现场质量管理的任务。

3）学习现场质量保证体系。

4）学习现场质量管理工作的具体内容。

5）学习文明生产。

6）学习5S活动。

7）学习保证现场质量的方法。

## 知识链接

**1. 现场质量管理的目标**

现场质量管理的目标是指保证和提高符合性质量。

**2. 现场质量管理的任务**

1）质量缺陷的预防。

2）质量维持。

3）质量改进。

4）质量评定。

**3. 现场质量保证体系**

现场质量保证，就是上道工序向下道工序担保自己所提供的在制品或半成品及服务的质量，满足下道工序在质量上的要求，以最终确保产品的整体质量。

现场质量保证体系把各环节、各工序的质量管理职能纳入统一的质量管理系统，形成一个有机整体；把生产现场的工作质量和产品质量联系起来；把现场内的质量管理活动同设计质量、市场信息反馈沟通起来，联结成一体，从而使现场质量管理工作制度化、经常化，有效地保证企业产品的最终质量。

**4. 现场质量管理工作的具体内容**

生产或服务现场的管理人员、技术人员和生产工人（服务人员）都有要执行现场质量管理的任务。

（1）管理人员和技术人员的工作　管理人员、技术人员在现场质量管理中的工作是为工人稳定、经济地生产出满足规定要求的产品提供必要的物质、技术和管理等条件。

（2）工人的工作　工人在现场质量管理工作中的具体工作内容：

1）掌握产品质量波动规律。产品质量波动按照原因不同，可以分为两类：

① 正常波动：由一些偶然因素、随机因素引起的质量差异。这些波动是大量的、经常存在的，同时也是不可能完全避免的。

② 异常波动：由一些系统性因素引起的质量差异。这些波动带有方向性，质量波动大，使工序处于不稳定或失控状态。这是质量管理中不允许的波动。

2）做好文明生产和"5S"活动。

3）认真执行本岗位的质量职责。生产工人应认真执行本岗位的质量职责，坚持"质量第一"，以预防为主、自我控制和不断改进的思想和方法，把保证工序加工的符合性质量作为自己必须完成的任务，争取最大限度地提高工序加工的合格率和一次合格率，以优异的工作质量保证产品质量，使下道工序或用户满意。

4）为建立健全质量信息系统提供必要的质量动态信息和质量反馈信息。质量控制与信息反馈示意图如图5-2-1所示。

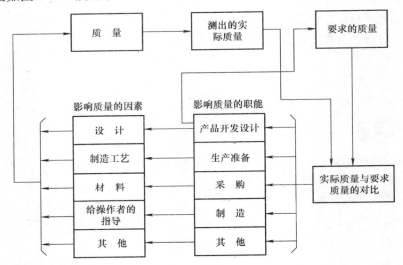

图 5-2-1　质量控制与信息反馈示意图

### 5. 文明生产

（1）文明生产的含义　广义的文明生产是指企业要根据现代化大生产的客观规律来组织生产；狭义的文明生产是指在生产现场管理中，要按现代工业生产的客观要求，为生产现场保持良好的生产环境和生产秩序。

（2）文明生产的目的　文明生产的目的就在于为班组成员们营造一个良好而愉快的组织环境和一个合适而整洁的生产环境。

（3）文明生产的内容

1）严格执行各项规章制度，认真贯彻工艺操作规程。

2）环境整洁优美，个人讲究卫生。

3）工艺操作标准化，班组生产有秩序。

4）工位器具齐全，物品堆放整齐。

5）保证工具、量具、设备的整洁。

6）工作场地整洁，生产环境协调。

7）服务好下一班、下一工序。

（4）文明生产的保证措施

1）班组文明生产要有专人分工负责。

2）建立定期的组内评比制度。

3）健全和制订生产岗位文明责任制。

4）规定环境卫生活动日和检查制度。

**6. "5S"活动**

（1）"5S"活动的含义　"5S"活动是指对生产现场各生产要素（主要是物的要素）所处状态不断地进行整理（Seiri）、整顿（Seiton）、清洁（Seiketsu）、清扫（Seiso）和提高素养（Shitsuke）的活动。最初，"5S"活动是由日本提出的，在日文中整理、整顿、清洁、清扫和素养这5个词的第一个字母都是"S"，所以简称为"5S"活动。

（2）"5S"活动的内容和要求

1）整理——把要与不要的人、事、物分开，再将不需要的人、事、物加以处理。

2）整顿——把需要的人、事、物加以定量、定位。

3）清扫——把工作场所打扫干净，设备异常时马上修理，使之恢复正常。规定环境卫生活动日和检查制度。

4）清洁——整理、整顿、清扫之后要认真维护，保持完美和最佳状态。

5）素养——养成良好的工作习惯，遵守纪律。

（3）"5S"活动的组织管理

1）将"5S"活动纳入岗位责任制。

2）严格执行检查、评比和考核制度。

**7. 保证现场质量的方法**

（1）标准与标准化

标准与标准化的概念。企业里有各种各样的规范，这些规范形成的企业文化统称为标准。制订标准，而后依标准行动则称为标准化。创新改善标准与标准化是企业提升产品质量的两大轮子。

2）标准化的目的与作用。标准化的目的：技术储备、提高效率、防止再发、教育训练。标准化的作用主要是：把企业内的成员所积累的技术、经验，通过文件的方式来加以保存，而不会因为人员的流动而流失，做到个人知道多少，组织就知道多少。

3）标准化的过程。现场管理标准化工作：五按、五干、五检。

五按即按程序、按线路、按标准、按时间、按操作指令；五干即干什么、怎么干、什么时间干、按什么线路干、干到什么程度；五检即由谁来检查、什么时间检查、检查什么项目、检查的标准什么、检查的结果由谁来落实；

4）良好标准的制订要求：目标指向、显示原因和结果、准确、具体、现实。

标准在需要时必须修订。

（2）目视管理

1）目视管理的概念。目视管理就是通过视觉导致人的意识变化的一种管理方法。

2）目视管理的要点：无论是谁都能判明是好是坏（异常）；能迅速判断，精度高；判断结果不会因人而异。

3）目视管理的 3 个水准。

初级水准：有表示，能明白现在的状态。

中级水准：谁都能判断异常与否。

高级水准：管理方法（异常处置）都一一列明，处理异常标准化。

4）目视管理在质量管理中的应用：防止因"人的失误"导致的质量问题；设备异常的"显现化"；能正确地实施点检，主要是计量仪器按点检表逐项实施定期点检。

（3）管理看板

1）管理看板的概念：管理看板是发现问题、解决问题的非常有效且直观的手段，尤其是优秀的现场管理必不可少的工具之一。

管理看板是管理可视化的一种表现形式，即对数据、情报等的状况一目了然地表现，主要是对于管理项目、特别是情报进行的透明化管理活动。它通过各种形式如标语、现况板、图表、电子屏等把文件上、脑子里或现场等隐藏的情报揭示出来，以便任何人都可以及时掌握管理现状和必要的情报，从而能够快速制订并实施应对措施。因此，管理看板是发现问题、解决问题的非常有效且直观的手段，是优秀的现场管理必不可少的工具之一。

2）管理看板的分类：按照责任主管的不同，一般可以分为公司管理看板、部门车间管理看板、班组管理看板 3 类。

管理看板的使用范围非常广，根据需要而选用适当的看板形式。全面而有效地使用管理看板，将在 6 个方面产生良好的影响：

① 展示改善成绩，让参与者有成就感、自豪感；

② 营造竞争的氛围；

③ 营造现场活力；

④ 明确管理状况，营造有形及无形的压力，有利于工作的推进；

⑤ 树立良好的企业形象（让客户或其他人员由衷地赞叹公司的管理水平）；

⑥ 展示改善的过程，让大家都能学到好的方法及技巧。

管理看板是一种高效而又轻松的管理方法，有效地应用管理看板对于企业管理者来说是一种管理上的大解放。

（4）现场质量检验

1）合理选择检验方式。现场质量检验方式见表 5-2-1。

表 5-2-1　现场质量检验方式

| 分类标志 | 检验方式、方法 | 特 征 |
|---|---|---|
| 工作过程的次序 | 预先检验 | 加工前对原材料、半成品的检验 |
| | 中间检验 | 产品加工过程中的检验 |
| | 最后检验 | 车间完成全部加工或装配后的检验 |
| 检验地点 | 固定检验 | 在固定地点进行检验 |
| | 流动检验 | 在加工或装配的工作地现场进行 |

（续）

| 分类标志 | 检验方式、方法 | 特　征 |
|---|---|---|
| 检验质量 | 普遍检验 | 对检验对象的全体进行逐件检验 |
| | 抽样检验 | 对检验对象按规定比率抽检 |
| 检验的预防性 | 首件检验 | 对第一件或前几件产品进行检验 |
| | 统计检验 | 运用统计原理与统计图表进行的检验 |
| 检验的执行者 | 专职检验 | 项目多、内容杂、需用专用设备 |
| | 生产工人自检、互检 | 内容简单，由生产工人在工作地进行 |

2）三检制度是操作者"自检"、操作者之间"互检"和专职检验员"专检"相结合的检验制度。"自检"就是操作者的"自我把关"。自检又进一步发展成"三自检验制"，即操作者"自检"、"自分"、"自作标记"的检验制度。自检管理流程图，如图 5-2-2 所示。专检管理流程图如图 5-2-3 所示。

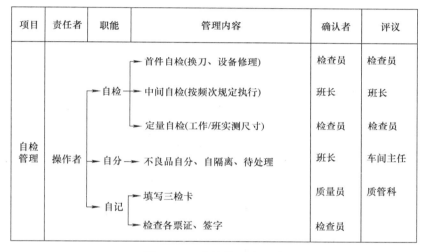

图 5-2-2　自检管理流程图

（5）不合格品管理

1）不合格品的定义：凡不符合产品图样、技术条件、工艺规程、订货合同和有关技术标准等要求的零部件，称为不合格品。

对不合格品进行管理是为了使产品质量始终处于控制状态，防止和杜绝不合格品在未处理之前继续流转，确保产品质量符合技术标准或合同要求，以达到提高产品质量的目的。

加强对不合可格品的管理，应做到：不合格的原材料不进厂；不合格的在制品不转下道工序；不合格的零部件不装配；不合格的产品不出厂。通过加强不合格品管理，可找出不合格的原因，以便采取措施，防止或减少不合格品的发生。

2）不合格品的类型：

① 废品——凡与产品图样、技术条件和工艺规范不符，缺陷无法修复或修后也满足不了使用要求的，称为废品。

② 疵品——凡与产品图样、技术条件和工艺规范不符，但不影响装配要求和技术性能

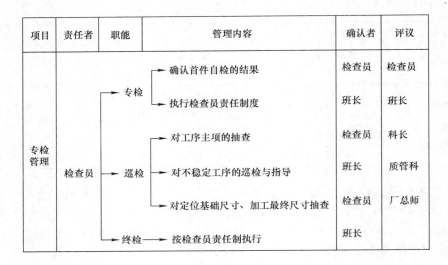

图 5-2-3　专检管理流程图

的，经分析缺陷能改善好的产品称疵品。

③ 返修品：凡与产品图样、技术条件和工艺规范要求不符，但还有小的缺陷，经返修后能纠正不合格项达到合格的产品，称返修品。

3）不合格品的隔离方法：对不合格品要有明显的标志，存放在工厂指定的隔离区，避免与合格品混淆或被误用，并要有相应的隔离记录。

4）不合格品的处理包括废品的处理、疵品的处理和返修品的处理，处理程序如图5-2-4所示。

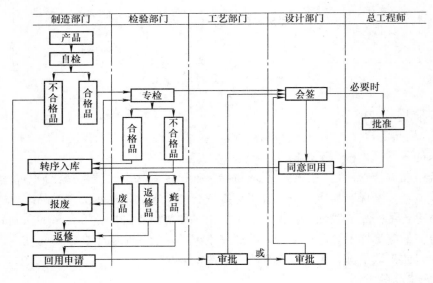

图 5-2-4　不合格品处理程序

（6）产品抽样检查

1）检查：产品在生产过程中的检查就是用一定的方法测定产品，并把测定结果与质量标准比较，然后判定其是否合格的过程。

2）抽样检查"抽样检查就是从一批产品中随机抽取一部分进行测定，然后将测试结果与批准的判定标准比较，并对这批产品合格与否、能否接收作出结论。

3）抽样检查的根本特点：随机地以部分推断全体．

4）抽样检查适用的条件：①破坏性检查；②产品数量大而质量要求不很高；③检查对象是连续体；④检查项目多而复杂或希望节省检查费用时。

5）抽样检查方式。

① 批不合格率：

$$批不合格率\ p = \frac{批中不格数\ D}{批量\ N} \times 100\%。$$

② 抽样方案：抽样检查时，首先要确定一个标准不合格率 $p_t$，然后将交验批的不合格品率 $p$ 与 $p_t$ 比较，若 $p \leq p_t$，认为这批产品合格，予以接收；否则，拒收。

③ 一次抽样检查程序图，如图 5-2-5 所示（图中 $c$ 为允许不合格晶数）。

④ 二次抽样检查程序图，如图 5-2-6 所示〔图中 $N$ 为批量，$n$ 为样本大小，$A_c$ 为合格判定数（允收数），$R_e$ 为不合格判定数（拒收数）〕。

⑤ 多次抽样检查程序图，如图 5-2-7 所示。

⑥ 逐次抽样检查程序图，如图 5-2-8 所示。

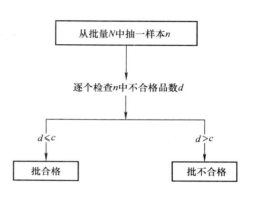

图 5-2-5　一次抽样检查程序图

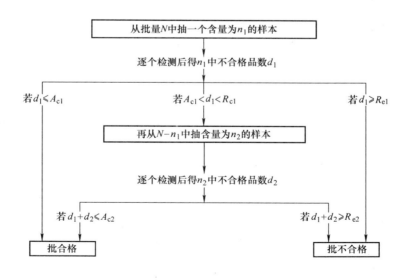

图 5-2-6　二次抽样检查程序图

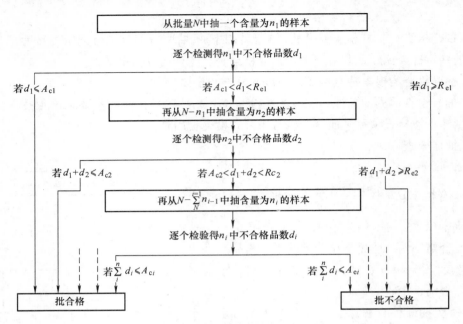

图 5-2-7 多次抽样检查程序图

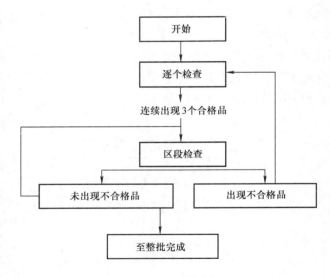

图 5-2-8 逐次抽样检查程序图

# 任务三 电子产品生产质量控制管理

 任务目标

**知识目标**

1）了解质量管理的定义和分类。

2）掌握电子产品质量管理的原理和焊点质量检测标准。

3）能分析解读电子企业的质量控制文件案例。

4）了解 ISO 9000 系列标准。

5）通过企业实地参观对电子产品生产有直观认识。

**情感目标**

具备企业需要的基本职业道德和素质——工作细心、规范操作。

## 任务描述

本任务主要学习电子产品质量管理的基本要素及控制程序、"4M"变动管理方法、日常品质管理，处理客户投诉、组织部门内部的品质改善活动的方法，以及 ISO9000 系列标准等，为学生从事企业管理岗位打下理论基础。

## 任务实施

1）学习质量管理的概念和分类。

2）学习影响质量管理的因素。

3）学习电子产品的质量管理。

4）学习焊点质量标准。

## 知识链接

**1. 质量管理的定义**

为了保证和提高产品质量所进行的决策、计划、组织、指挥、协调、控制和监督等一系列工作的总称。

**2. 质量管理的分类**

（1）质量保证 质量保证是指对产品或服务能满足质量要求，提供适当信任所必须的全部有计划、有系统的活动。

为了有效地解决质量保证的关键问题——提供信任，国际上通行的方法是遵循和采用有权威的标准，由第三方提供质量认证。

1993 年 9 月 1 日开始施行的《中华人民共和国产品质量法》明确规定，我国将按照国际通行做法推行产品质量认证制度和质量体系认证制度。无论是产品质量认证还是质量体系认证，取得认证资格都必须具备一个重要的条件，即企业要按国际通行的质量保证系列标准（ISO9000），建立适合本企业具体情况的质量体系，并使其有效运行。

取得质量认证资格，对企业生产经营的益处主要包括：①提高质量管理水平；②扩大市场以求不断增加收益；③保护合法权益；④免于其他监督检查。

（2）质量控制 质量控制是指为了达到质量要求所采取的作业技术和活动。质量控制是质量保证的基础，是对控制对象的一个管理过程所采取的作业技术和活动。质量控制作业技术和活动包括：①确定控制对象；②规定控制标准；③制订控制方法；④明确检验方法；⑤进行检验；⑥检讨差异；⑦改善。

**3. 影响质量管理的因素**

影响质量管理的因素主要是"4M"管理，即"人"、"机"、"料"、"法"、"环"。5 大质量因素同时对产品的质量起作用，是对电子产品的全面管理，贯穿于电子产品生产的全过程。现代电子产品的制造过程系统中，管理起到了至关重要的作用，电子产品的生产工艺贯穿于此过程中，最终表现为产品的质量。

（1）人力　人力指操作员工自身的素养，是获得高可靠性产品的基本保证。操作人员能遵守企业的规章制度，具备熟练的操作技能，具备互相尊重、团结合作的意识，具有努力勤奋工作的敬业精神。

（2）机械　机械指企业的设备符合现代化企业要求，能进行生产的设备，且有专门人员进行定期检查维护。

（3）材料　材料的管理不仅仅是指产品的原材料，也包括生产所需要使用的零件和各种辅料。加强材料的验收检查，改进贮存保管方法，避免材料损伤变质；对保管中的材料定期检查，对出库使用的材料质量严格把关。

（4）方法　方法指从产品的设计、试制、生产、销售到成为合格的产品全过程的生产操作方法、生产管理方法和生产质量控制法。

（5）环境　环境指企业的生产环境。设备摆放合理、物料摆放整齐、标志正确、人员操作有序、生产管理方法得当、生产环境整洁、温湿度适宜，防静电系统符合设计规范标准。

电子产品的质量包括产品的性能、寿命、可靠性、安全性和经济性，电子产品的质量并非是用肉眼检测到的，往往需要通过检测仪器才能发现问题，即电子产品的质量是制造出来的，不是检验出来，更不是修补出来的。

在质量管理上，电子产品是精密的，在制作过程中一定要仔细，要求制作人员必须有责任心，有一定的技术。现在很多精密的电子产品都是由计算机控制的机械手完成，这就需要保障机器的良好性能。

有了好机器还需要有高素质人员操作、维护，才能保证机器性能的良好发挥，有稳定的产品质量。

**4. 电子产品的质量管理**

1）为了能够考虑到充分满足用户要求的条件下最经济地进行市场研究、设计、生产和服务，应把企业内各部门的研制质量、维持质量和提高质量的活动结合成为一个有效体系。

2）APQP 即产品质量先期策划和控制计划，是 QS9000/TS16949 质量管理体系的一部分。APQP 有 4 个阶段的内容：①计划和确定项目；②过程设计和开发；③生产确认；④反馈评价和纠正。

3）工艺文件设计。

**5. 焊接点质量标准**

焊接后的元器件焊接点应饱满且润湿性良好，呈半弓形凹下；焊接点表面应光滑、连续，不能有虚焊、漏焊、脱焊、立片、桥接等不良现象，气泡、锡球等缺陷应在允许范围内。

（1）矩形片式元器件焊接点质量标准　对于矩形片式元器件，焊接点的钎料量应适中，焊端周围应被良好润湿，对于厚度小于 1.2mm 的元器件，其半弓形高度（$a$）最低不能小于元器件焊端高度（$b$）的 1/3，焊接点高度（$a$）最高不能超过元器件高度（$b$），如图 5-3-1 所示。

（2）翼形引脚器件焊接点质量标准
翼形引脚器件包括 SOP、QFP 器件及小外形晶体管（SOT）；引脚根部和底部应填满钎料，引脚的每个面都应被良好润湿，其半弓面高度（钎料填充高 $h$）等于引脚厚度（$H$）时为最优良，半弓面高度至少等于引脚厚度的 $1/2$。

（3）J 形引脚器件焊接点质量标准　J 形引脚器件包括 SOJ、PLCC 器件。SOJ、PLCC 器件的引脚底部应填满钎料，引脚的

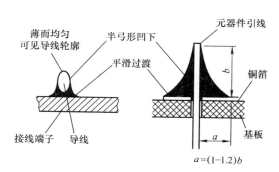

图 5-3-1　矩形片式元器件的焊接点标准

每个面都应被良好润湿，半弓面高度（钎料填充高度 $H$）等于引脚厚度（$h$）为最优良，弯月面高度至少等于引脚厚度的 $1/2$。

**6. 电子企业的质量控制文件案例**

案例 1：机器设备保养程序。

（1）目的确保机器设备功能符合要求，并经常保持正常状态，以确保生产力的持续。

（2）适用范围　本公司所有生产设备及搬运设备的维护与保养均适用。

（3）职责　工务课及相关单位。

（4）定义　无。

（5）程序

1）零件或设备的购买。

① 生产线需增购或以旧零件换新零件时，由工务课主管或单位主管依《物料课采购管理程序》的规定提出请购；

② 新购入的设备入厂后，应由使用单位实际安装试车，确定符合需求后予以验收判定合格；若不合需求，则由采购通知供应商来厂整修或办理退货；

③ 验收合格的设备，由使用单位编号，登记于《机器设备一览表》，并建立《机器设备履历表》，以记录机器设备呃维修状态；

④ 根据全厂的机器设备，现拟定以表单形式编号识别，举例如图 5-3-2 所示。

图 5-3-2 中的部门识别码如下：

一厂：A（制管）、B（节成型）、C（焊接前关）、D（焊接后关）、E（烤漆）、F（制三处桥线）、G（塑胶课胶粒）、H（塑胶课成品）、I（制三处小帽部）、J（坐垫子课）、K（组装档上）、L（组装档下）、M（包装课）、N（工务组）、P（电工组）、Q（模房组）、W（品管课）、Z（总务课）。

二厂：制一课 A（铁制管）、B（铝制管）、C（铁成型）、D（铝成型）、E（焊接前关）、F（焊接后关）、G（熔接前关）、H（熔接后关），制二课 I（烤漆），制三课 J（平车部），制四课 K（板带区）、L（组装区）、M（包装区），制五课 O（秘书椅针车加工区）、P（秘书椅成品加工区）、Q（物料课）、R（品管部）、S（总务课）、T（工务课）、U（电

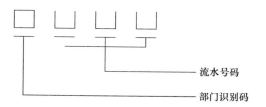

图 5-3-2

工)、V（开发课）、W（业务课）。

2）日常点检。各生产设备由单位主管指定机修人员依照《机器保养检查记录表》中的点检项目，每日、每周查检，发现机器设备异常时应及时予以维修。日常点检表中的点检项目由工务课建立，现场单位主管应不定期查核各机器的点检结果，以确保机器的正常运转。

3）各单位现场操作人员的职责：

① 依照各机器设备之操作保养规定使用机器设备。

② 每日或每项工作前的检查：将机台内尘埃、污物擦拭干净；不必要的物品、工具不得置放于机器上，机台必须保持整洁；检查各部门机器是否有足够的润滑。

③ 工作中应注意的事项：不得超越机器设备的性能范围；因故障而停机时必须将电源或气压切掉，以确保人员安全；注意机器运转情况，有无异常声音、振动、松动等情况；油路系统是否畅通、有无阻塞现象；注意产品的优劣，以决定是否停机；发现不良情形立即向主管报告。

④ 工作后应注意的事项：擦拭机器，清洁机器周围的地面；检查机器各部位是否正常；工具及附件应保持干净，并置于固定位置。

4）定期保养。

① 厂内发电机、空气压缩机、吊车设备、消防设备应由工务课按时间规定呈报主管进行定期保养（堆高机由总务课呈报），并记录于《机器保养检查记录表》。

② 定期保养由工务课维修人员或委托厂外专业技师执行。

③ 各单位机修人员的职责：机器故障的整修、零组件的拆换、定期换油等；其他有关操作人员请示支援的事项。

5）维修保养机器设备时的异常情况处理。

① 机器设备发生故障或异常时，应由维修人员进行修复，并将维修内容记录于《机器设备履历表》内。

② 若厂内无法修复时，须向工务课主管报告，并填写《联络单》，经核准后送外修复或请厂外专业技师到厂修复，修复后由厂内维修人员予以验收并记录于《机器设备履历表》内。

③ 若机器故障无法修复时，由主管填写《报废申请单》呈总经理（或副总经理）核准后，予以报废。

6）机器设备闲置时，须交予工务课维修或在现场维修。

7）有关机器设备维护保养记录，依品质记录管理程序的规定予以保存。

8）机器设备操作手册与机器保养检查记录表须置放于设备上面。

9）《机器设备一览表》由各单位制订并由各单位主管保存，全厂则由工务课存档。

（6）相关文件

1）《物料课采购管理程序》。

2）《品质记录管理程序》。

3）《不合格品管制程序》。

4）《生产作业管理程序》。

5）各部门的《机器操作说明书》。

（7）表单、附件

1）《机器设备一览表》

2）《机器设备履历表》

3）《报废申请单》

4）《机器保养检查记录表（一）》。

5）《机器保养检查记录表（二)》。

6）《机器保养检查记录表（三)》。

7）《机器保养检查记录表（四)》。

案例2：不合格品控制程序。

（1）目的　控制不合格品，防止不合格品流入良品中，以及确保产品符合质量要求。

（2）适用范围　适用于原材料、生产过程、成品及客户退货等方面的控制。

（3）相关责任

1）采购部负责对来料不合格品进行退货、申请特采和传达《IQC品质异常联络书》。

2）质检部负责材料、制程、成品及客户退回不良品的控制。

3）生产部负责对制程中不合格品的控制。

（4）参考文件

1）《产品的标识和可追溯性控制程序》。

2）《来料检验和试验程序》。

3）《过程检验和试验程序》。

4）《成品检验和试验程序》。

5）《质量改进控制程序》。

（5）流程图

1）IQC不良品处理流程如图5-3-3所示。

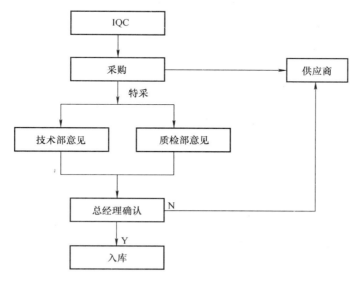

图5-3-3　IQC不良品处理流程

2）制程中不良品处理流程如图5-3-4所示。

3）客户退回不合格品处理流程，如图5-3-5所示。

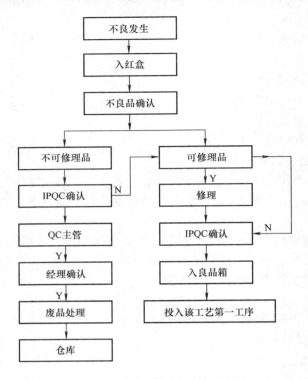

图 5-3-4　制程中不良品处理流程

（6）流程说明

1）原材料不合格品的控制。

① 经 IQC 检验判定不合格的原材料，由 IQC 人员填写《IQC 品质异常联络书》通知采购处理，并盖上 IQC 不合格章，放置"原材料退货区"。

② 由采购通知供应商办理退货手续。

③ 特采：因生产紧急需要，采购可提出特采申请，填写《特采申请表》并交质检部和技术部确认，总经理批准；总经理批准后，IQC 盖上"IQC 特采"章。

2）生产过程中不合格品控制。

① 自检和全检出的不良品要放入红色不良品箱中，并进行标志。

② 不良品由组长确认后，填在《随工单》上。

③ IPQC 接到《随工单》后，确认可报废时，在单上签名，交质检部主管签字后，经由总经理审批，再将报废品由组长交仓库处理。

④ IPQC 在巡检中发现不良品，问题严重影响产品品质，如材料用错、工艺错误时，应立即通知生产部主管和质检部主管。

⑤ 生产过程中发现材料不合格时，生产线填写《工程品质异常联络书》，交予 IQC 进行确认，确认合格时通知生产线继续使用，不合格时通知主管处理。

⑥ IPQC 在对半成品进行检查时若发现批量不合格，则填写《工程品质异常联络书》，发布到相关部门。

3）成品的不合格控制。成品质量检验判定不合格时，由成品质量检验填写《出货检品异常联络书》报主管审批后，将不良品放成品退货区，通知生产线返工。生产线返工后，

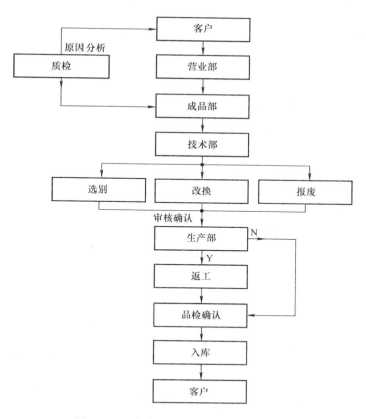

图 5-3-5　客户退回不合格品处理流程

重新检验。

4）客户退回不合格品的控制。

①当客户退回不良品时，由仓库进行点收，放置在退货区，并填写《不良品返工处理联络书》交予厂长，厂长与各部门进行联络。

②质检确认原因后，发布《不良品分析报告》回复客户，必要时发布《纠正与预防措施要求书》至相关部门。

③技术部确认客户退回的不良品是可修品、报废或改换。如果是报废或改换，用书面通知，经总经理审批后，交厂长处理；如果是可修品，由技术部制订返修方案，并编写作业指导书交生产部，由生产部组织返工。

④客户退回的可修品处理后，产生的不良品可根据制程不合格品控制处理。

5）材料、成品因存贮或其他原因引起变质的不合格品，由仓库清点数字后，放置"退货区"，交质检、质检主管确认签字后经总经理审核方可处理。

（7）附件

《IQC品质异常联络书》

《特采申请表》

《随工单》

《工程品质异常联络书》

《出货检查品异常联络书》

《不良品返工处理联络书》

《不良品分析报告》

**7. ISO 的含义及 ISO 的主要职责**

（1）ISO 的含义　ISO（InternationalStandardizationOrganization）是一个国际标准化组织，成立于 1947 年 2 月，其成员来自世界上 100 多个国家的国家标准化团体，代表中国参加 ISO 的国家机构是国家质量监督检验检疫总局。ISO 组织机构是非政府机构，但是在联合国的控制之下。

（2）ISO 的主要职责　ISO 负责制订除电工产品以外的国际标准，目前已经制订了 1 万多项国际技术和管理标准。

**8. ISO 9000 质量标准的含义及组成**

（1）含义　ISO 9000 是一个获得广泛接受和认可的质量管理标准，它提供了一个对企业进行评价的方法，分别对企业的诚实度、质量、工作效率和市场竞争力进行评价。

（2）组成　ISO 9000 由以下 5 个标准组成：ISO 9000—1987《质量管理和质量保证标准——选择和使用指南》；ISO 9001—1987《质量体系——设计/开发、生产、安装和服务的质量保证模式》；ISO 9002—1987《质量体系——生产和安装的质量保证模式》；ISO 9003—1987《质量体系——最终检验和试验的质量保证模式》；ISO 9004—1987《质量管理和质量体系要素——指南》。

（3）使用 ISO 9000 质量标准的益处

1）ISO 9000 质量标准使企业能有效地、有序地开展给各项活动，保证工作顺利进行。

2）ISO 9000 质量标准确保公司的内部体系处于良好的运作状态。

3）ISO 9000 质量标准强调纠正及预防措施，消除产生不合格或不合格的潜在原因，防止不合格产品的再发生，从而降低成本。

4）ISO 9000 质量标准强调不断地审核及监督，达到对企业的管理及运作不断地修正及改良的目的。

5）ISO 9000 质量标准强调全体员工的参与及培训，确保员工的素质满足工作的要求。

6）ISO 9000 质量标准强调文化管理，以保证管理系统运行的正规性、连续性。

（4）建立和实施 ISO 9000 质量管理体系的目的和意义

1）有利于投资环境的进一步改善，提升环境质量。

2）有利于统一和规范服务与管理行为，提高综合服务管理水平。

3）有利于完善行政管理机制，提高部门之间工作的协调性。

4）有利于实事求是的对部门、个人的业绩进行考核。

**9. GB/T 19000—2008 质量管理体系的含义、组成及意义**

（1）含义　随着我国市场经济的迅速发展和国际贸易量的增加，以及关税及贸易总协定（GeneralAgreementonTariffsandTrade，GATT）的加入，我国经济已全面置身于国际市场大环境中，质量管理同国际惯例接轨已成为发展经济的重要内容。所以，国家质量监督检验检疫总局于 2008 年 10 月 29 日发布文件，决定等同采用 ISO 9000—2005，颁布了 GB/T 19000—2008 质量管理体系，2009 年 05 月 01 日开始实施。

（2）组成

1）GB/T 19000—2008：表述质量管理体系基础知识并规定质量管理体系术语。

2）GB/T 19001—2008：规定质量管理体系的要求，用于证实组织具有能力提供满足顾客要求和适用的法规要求的产品，目的在于增进顾客满意。

3）GB/T 19004—2011：提供考虑质量管理体系的有效性和效率两方面的指南。该标准的目的是改进组织业绩并达到顾客及其他相关方满意。

004）GB/T 19011—2003：提供质量和环境管理体系审核指南。

（3）意义　有利于提高质量管理水平；有利于质量管理与国际规范接轨，提高我国的企业管理水平和产品竞争力；有利于产品质量的提高；有利于保证消费者的合法权益。

## 思考与练习

**一、填空题**

1. 工艺文件通常分为_____和_____两大类。

2. 工艺文件是指导加工、装配、计划、调度、原材料准备、劳动组织、质量管理、经济核算等的_____。

3. 工艺规程的形式按其内容详细程度，可分为_____、_____、_____。

4. 工艺规程文件分为_____、_____、_____、_____、_____。

**二、简答题**

1. 电子产品有何特点？

2. 电子产品生产有哪些要求？

3. 什么是 ISO 9000？它由哪几部分构成？各部分有何作用？什么是 GB/T 19000？它与 ISO 9000 有何关系？

4. 什么是设计文件？有何作用？

5. 什么是工艺文件？有何作用？工艺文件和设计文件有何不同？

6. 编制工艺文件时，《岗位作业指导书》中应包括哪些内容？

7. 工艺图包括哪几种图？分别说明这些图的作用。

8. 画出电子产品总装工艺流程图。

# 参 考 文 献

[1] 廖芳，莫钊. 电子产品生产工艺与管理 [M]. 北京：电子工业出版社，2007.

[2] 戴树春. 电子产品装配与调试 [M]. 北京：机械工业出版社，2012.

[3] 黄纯，等. 电子产品工艺 [M]. 北京：电子工业出版社，2001.